●指導者《しどうしゃ》のみなさまへ●

得点に応じて，金メダル・銀メダルをはってあげましょう。
勉強のはげみになるよう，このシールを上手に利用してください。

本書に関する最新情報は，当社ホームページにある**本書の「サポート情報」**をご覧ください。（開設していない場合もございます。）

1年の ふくしゅう ①

時間 20分
合かく 80点
とく点　　点
シール

1 □に　あてはまる　数《かず》を　書《か》きましょう。(20点《てん》/1つ5点)

(1) 2 — □ — 6 — □ — 10 — □ — □ — 16

(2) 100 — □ — □ — 70 — 60 — □ — □ — 30

(3) 40 — □ — 50 — □ — □ — 65 — □ — 75

(4) 83 — □ — □ — □ — 79 — □ — 77 — 76

2 □に　あてはまる　数を　書きましょう。(20点/1つ5点)

(1) 83の　十のくらいは □ で，一のくらいは □ です。

(2) 79の　十のくらいは □ で，一のくらいは □ です。

(3) 36は，□ が　3つと，□ が　6つです。

(4) 10を　9つと　1を　3つ　あわせた　数は □ です。

3 大きい　じゅんに　ならべましょう。(10点/1つ5点)

(1) 68，87，79，66，91

[　　→　　→　　→　　→　　]

(2) 98，101，110，89，100

[　　→　　→　　→　　→　　]

4 つぎの　数の線《せん》を　見て，□に　あてはまる　数を　書きましょう。（25点/1つ5点）

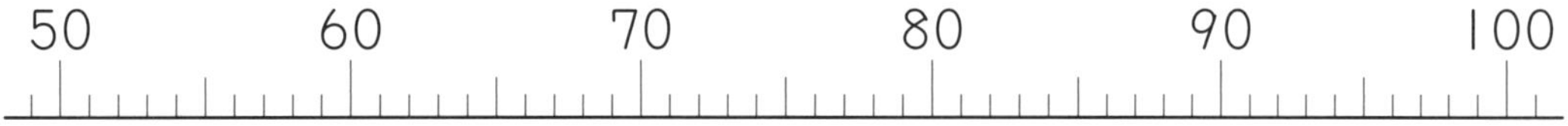

(1) 60より　4　大きい　数は，□です。

(2) 85より　3　小さい　数は，□です。

(3) 100は，□より　3　大きい　数です。

(4) □より　5　小さい　数は，52です。

(5) 78より　□　大きい　数は，80です。

5 いくつですか。数字《すうじ》で　書きましょう。（10点/1つ5点）

(1)

〔　　　〕

(2)

〔　　　〕

6 大きい　ほうに　○を　つけましょう。（15点/1つ5点）

(1) 31　29

(2) 84　86

(3) 120　102

月　日　答え ➡ べっさつ 1 ページ

シール

1年の ふくしゅう ②

時間 20分　合かく 80点　とく点　点

1 同《おな》じ　答《こた》えを　線《せん》で　つなぎましょう。(20点《てん》/1つ10点)

(1)

7+4	6+8	4+8
9+5	6+6	2+9

(2)

12−5	14−9	10−4
15−8	14−8	11−6

2 計算《けいさん》を　しましょう。(24点/1つ2点)

(1) 9+0　(2) 3−3　(3) 4+4

(4) 6−6　(5) 7+0　(6) 4−0

(7) 1−1　(8) 0+4　(9) 0+0

(10) 0−0　(11) 6−0　(12) 15−0

3 計算を　しましょう。(24点/1つ3点)

(1) 5+2+2　　(2) 3+7+9

(3) 4+6+3　　(4) 9−1−7

(5) 8−6−1　　(6) 13−3−4

(7) 10−6+4　　(8) 4+6−8

4 計算を　しましょう。(24点/1つ3点)

(1) 10+40　　(2) 50+30

(3) 25+4　　(4) 33+2

(5) 30−10　　(6) 80−70

(7) 28−6　　(8) 48−2

5 白い　花が　21本，赤い　花が　8本　さいて　います。花は　あわせて　何本《なんぼん》　さいて　いますか。(8点)

(しき)

答え［　　　　］

月　　日　答え ➡ べっさつ 1 ページ

1年の ふくしゅう ③

時間 20分　合かく 80点　とく点　　点　シール

1 どちらが 長《なが》いですか。長い ほうに ○を つけましょう。

(30点《てん》/1つ10点)

(1)

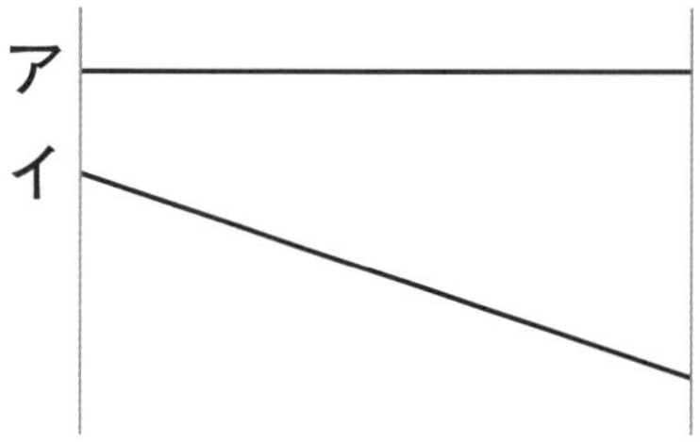

(2)

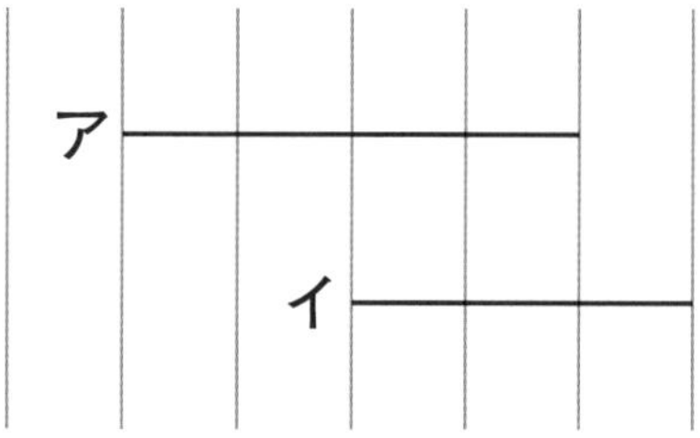

(3)

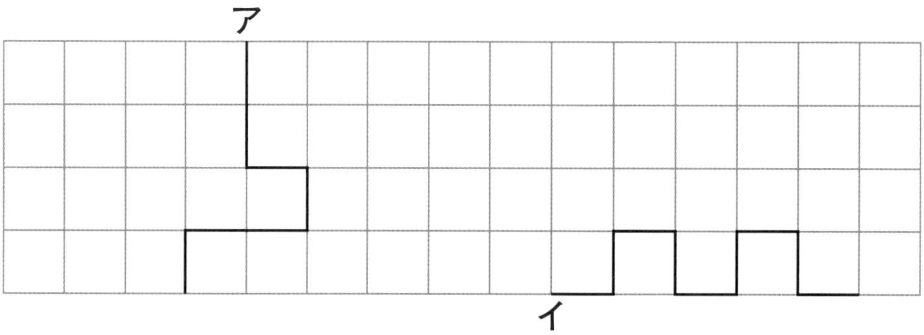

2 つみあげる ことが できる つみきは どれですか。(10点)

ア　イ　ウ　エ　オ　カ

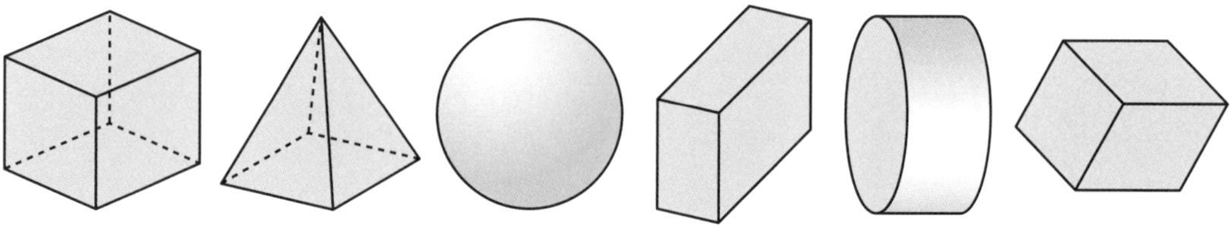

3 何《なん》時《じ》何分《なんぷん》ですか。(15点/1つ5点)

(1)

(2)

(3)

4 なかまに　はいらない　形《かたち》は　どれですか。〔　〕に　きごうを　書《か》きましょう。(15点/1つ5点)

(1)

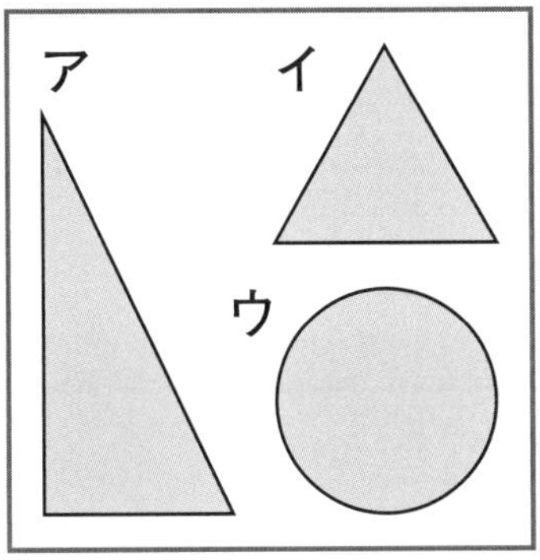

〔　　　〕

(2)

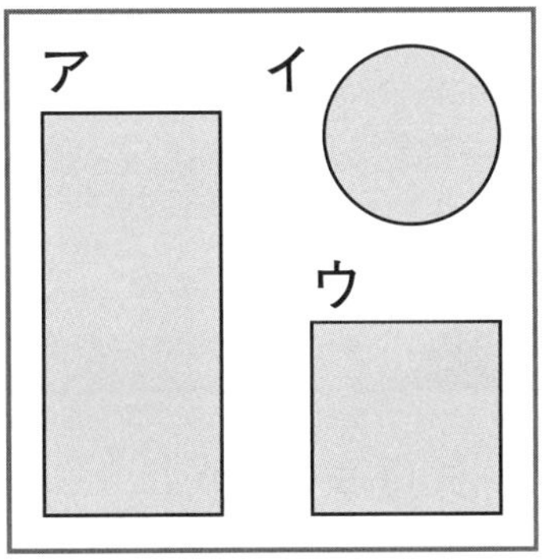

〔　　　〕

(3)

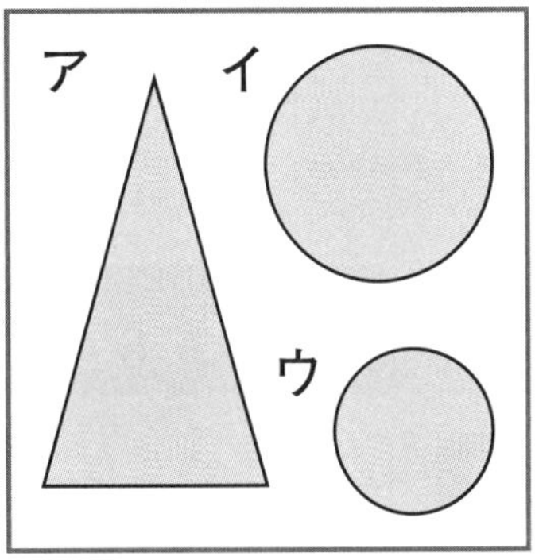

〔　　　〕

5 天気を　しらべて，せいり　しました。(30点/1つ10点)

(1) いちばん　少《すく》ないのは　どれですか。

〔　　　〕

(2) 晴《は》れと　くもりの　ちがいは　何日《なんにち》ですか。

〔　　　〕

(3) くもりと　雨は　あわせて　何日ですか。

〔　　　〕

天気しらべ

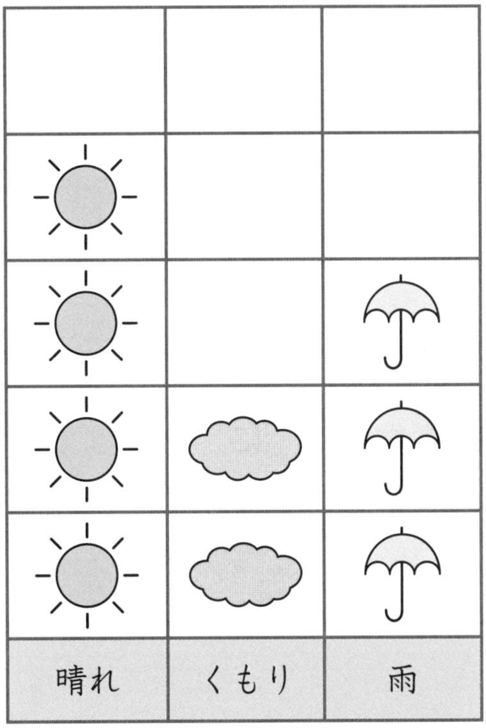

月　日　答え ➡ べっさつ 1 ページ

1　1000までの　数《かず》

学習のねらい

- 1000までの数について，**数の表し方**，**数の大小**，**順序関係**などをとらえることができるようにします。
- **一の位**，**十の位**，**百の位**について，その意味をはっきりさせます。

ステップ 1

たいせつ **1** ぜんぶで　何《なん》まい　ありますか。

(1) 

〔　　　　〕

(2) 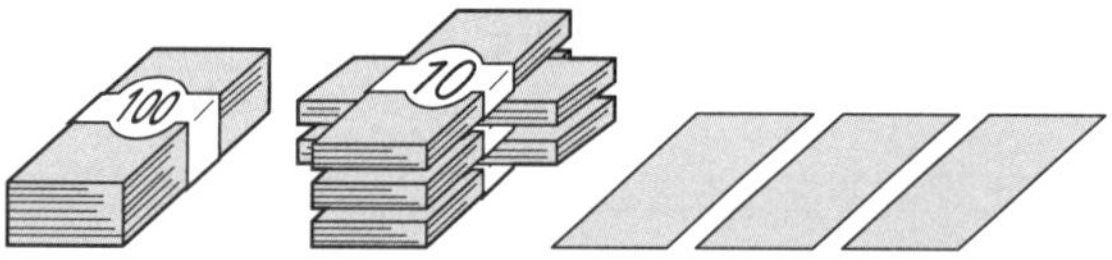

〔　　　　〕

(3) 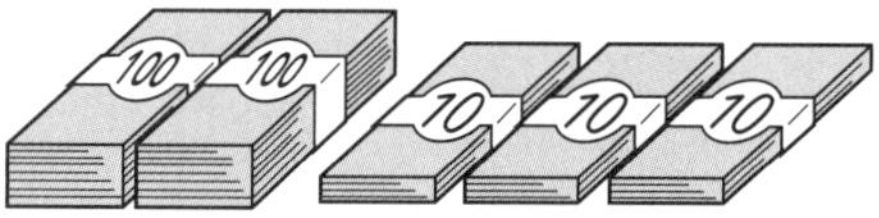

〔　　　　〕

2 右の　□に　あてはまる　ことばを　書《か》きましょう。

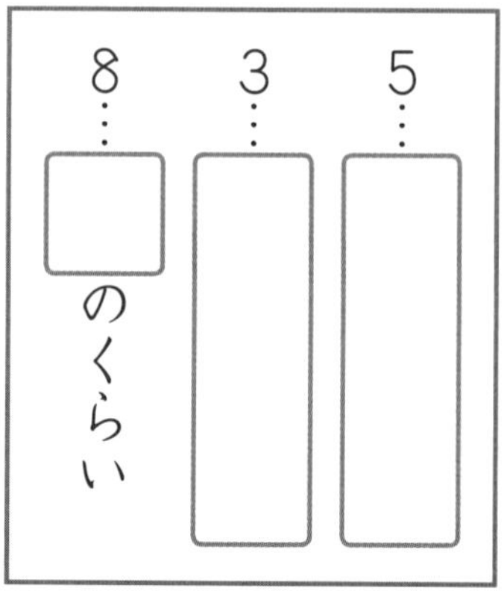

3 □に　あてはまる　数《かず》を　書きましょう。

(1) 137 — 138 — □ — □ — 141

(2) 600 — □ — 700 — 750 — □

(3) 508 — □ — 506 — □ — 504

たいせつ **4** どちらが　大きいですか。□の　中に　＞，＜の　きごうを　入れて　答《こた》えましょう。

(1) 413 □ 431　　(2) 879 □ 798

(3) 901 □ 899　　(4) 553 □ 555

5 つぎの　もんだいに　答えましょう。

(1) 912 の　百のくらいの　数字《すうじ》は　いくつですか。

〔　　　　〕

(2) 808 の　十のくらいの　数字は　いくつですか。

〔　　　　〕

(3) 635 の　一のくらいの　数字は　いくつですか。

〔　　　　〕

月　　日　答え ➡ べっさつ 2 ページ

STEP 2

ステップ 2

時間 20分
合かく 80点

とく点　　点

シール

1 数字《すうじ》で　書《か》きましょう。(12点《てん》/1つ4点)

(1) 四百七十三　〔　　　〕

(2) 五百三　〔　　　〕

(3) 六百四十　〔　　　〕

2 つぎの　数《かず》を　数字で　書きましょう。(20点/1つ4点)

(1) 100を　3こと　10を　6こと　1を　7こ　あわせた　数　〔　　　〕

(2) 100を　5こと　10を　7こ　あわせた　数　〔　　　〕

(3) 100を　8こと　1を　2こ　あわせた　数　〔　　　〕

(4) 10を　48こ　あつめた　数　〔　　　〕

(5) 100を　10こ　あつめた　数　〔　　　〕

3 大きい　じゅんに　ならべましょう。(8点/1つ4点)

(1) 535, 580, 508, 510

〔　　→　　→　　→　　〕

(2) 576, 765, 675, 756

〔　　→　　→　　→　　〕

たいせつ **4** 下の　数の線《せん》を　見て，□に　数を　書きましょう。

(32点/1つ4点)

(1)

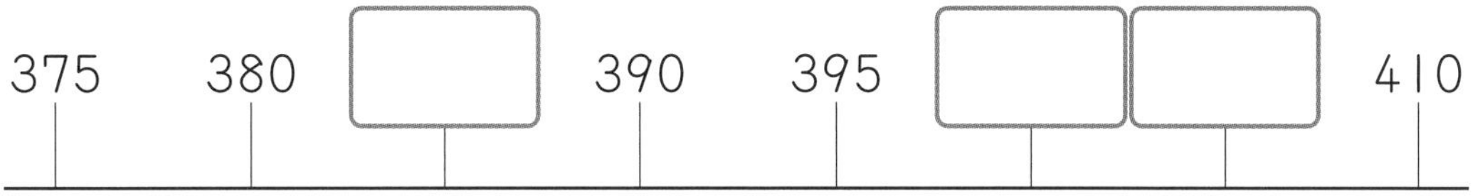

(2)

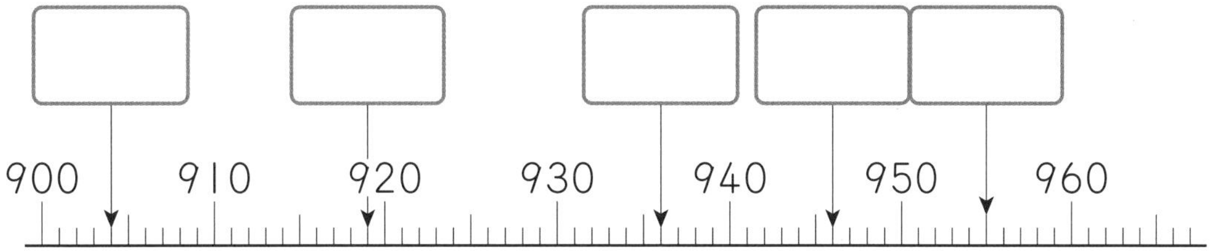

5 つぎの　計算《けいさん》を　しましょう。(20点/1つ5点)

(1) 400+200

(2) 500−200

(3) 300+600

(4) 800−400

6 あやかさんは　620円　もって　います。580円の　本が　買《か》えるか　考《かんが》えます。あてはまる　ほうに　○を　つけましょう。(8点/1つ4点)

620は　580より［小さい・大きい］から

580円の　本が［買えます・買えません］。

2　たし算《ざん》の　ひっ算《さん》 ①

学習のねらい

✓ここでは，**2位数＋1位数，2位数＋2位数のたし算**で，**くり上がりのないもの**や，**くり上がりがあるもの（答が2位数までの計算）**について，**筆算のしかた**などを理解させようとするものです。

ステップ 1

1 つぎの　たし算《ざん》を　しましょう。

(1) 16+4　　(2) 23+7　　(3) 48+2

(4) 31+9　　(5) 65+5　　(6) 79+1

たいせつ **2** 42+34 を　ひっ算《さん》で　します。□に　あてはまる　数《かず》を　書《か》きましょう。

```
  4 2
+ 3 4
```

① くらいを　そろえて　書く。

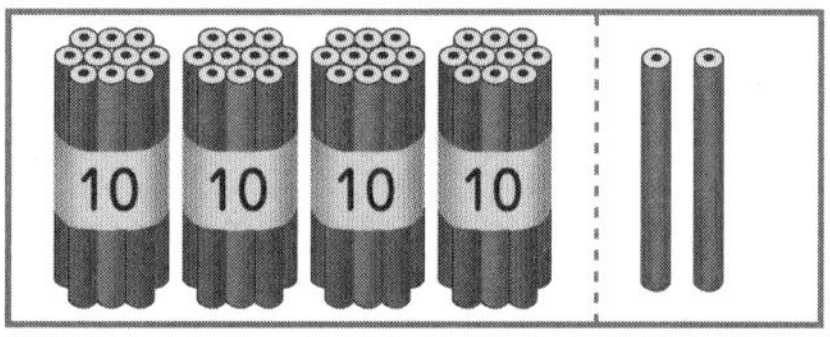

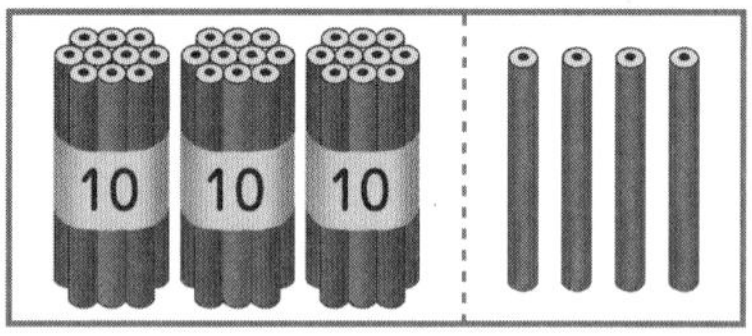

⇩

```
  4 2
+ 3 4
    □
```

② 一のくらいの　計算《けいさん》

2+4=□

⇩

```
  4 2
+ 3 4
  □□
```

③ 十のくらいの　計算

4+3=□

④ 答《こた》えは□□

3 54+38を　ひっ算で　します。□に　あてはまる　数を　書きましょう。

```
  5 4
+ 3 8
-----
```

① くらいを　そろえて　書く。

⇩

```
  □
  5 4
+ 3 8
-----
    □
```

② 一のくらいの　計算

4+8=□□

十のくらいに　□　くり上げる。

⇩

```
  1
  5 4
+ 3 8
-----
  □□
```

③ 十のくらいの　計算

□+5+3=□

④ 答えは□□

4 つぎの　ひっ算を　しましょう。

(1)
```
  2 1
+ 3 5
-----
```

(2)
```
  5 3
+ 3 5
-----
```

(3)
```
  5 7
+ 4 0
-----
```

(4)
```
  2 6
+ 5 7
-----
```

(5)
```
  7 5
+ 1 8
-----
```

(6)
```
  2 2
+ 2 8
-----
```

(7)
```
  4 9
+   5
-----
```

(8)
```
  5 4
+   7
-----
```

(9)
```
  3 8
+   9
-----
```

月　　日 答え ➡ べっさつ 2 ページ

STEP 2

ステップ 2

時間 20分　合かく 80点

とく点　　点

シール

たいせつ

1 つぎの　計算《けいさん》を　しましょう。(32点《てん》/1つ2点)

(1) $\begin{array}{r} 51 \\ +37 \\ \hline \end{array}$　(2) $\begin{array}{r} 32 \\ +21 \\ \hline \end{array}$　(3) $\begin{array}{r} 60 \\ +26 \\ \hline \end{array}$　(4) $\begin{array}{r} 18 \\ +30 \\ \hline \end{array}$

(5) $\begin{array}{r} 7 \\ +87 \\ \hline \end{array}$　(6) $\begin{array}{r} 6 \\ +49 \\ \hline \end{array}$　(7) $\begin{array}{r} 75 \\ +\ \ 8 \\ \hline \end{array}$　(8) $\begin{array}{r} 33 \\ +\ \ 9 \\ \hline \end{array}$

(9) $\begin{array}{r} 39 \\ +27 \\ \hline \end{array}$　(10) $\begin{array}{r} 48 \\ +36 \\ \hline \end{array}$　(11) $\begin{array}{r} 33 \\ +18 \\ \hline \end{array}$　(12) $\begin{array}{r} 32 \\ +48 \\ \hline \end{array}$

(13) $\begin{array}{r} 64 \\ +27 \\ \hline \end{array}$　(14) $\begin{array}{r} 55 \\ +25 \\ \hline \end{array}$　(15) $\begin{array}{r} 17 \\ +64 \\ \hline \end{array}$　(16) $\begin{array}{r} 43 \\ +37 \\ \hline \end{array}$

2 まん中の　数《かず》に，まわりの　数を　たしましょう。(28点/1つ4点)

(1)

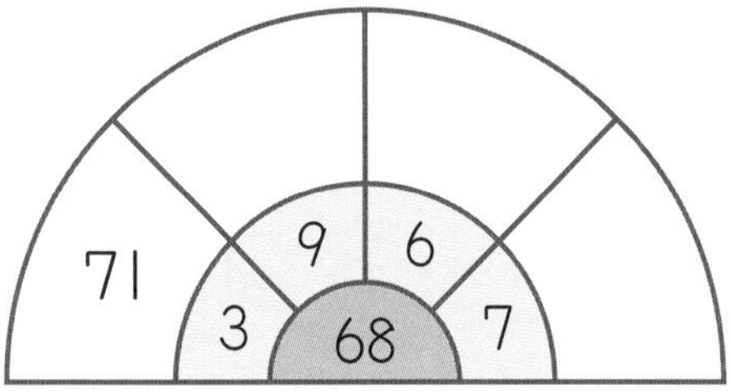

(2)

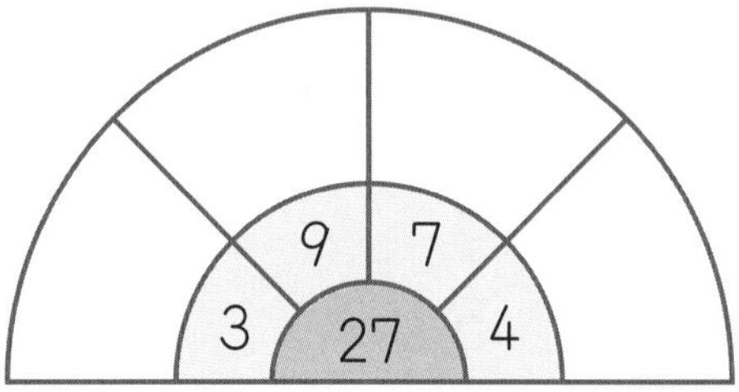

3 チューリップの　花が　さきました。赤色《あかいろ》が　19本，黄色《きいろ》が　24本です。チューリップの　花は　ぜんぶで　何本《なんぼん》　さきましたか。（10点）

（しき）

答《こた》え〔　　　　〕

4 さきさんは　えんぴつを　28本　もって　いました。おじさんが　12本　プレゼントして　くれました。えんぴつは　ぜんぶで　何本に　なりましたか。（10点）

（しき）

答え〔　　　　〕

たいせつ **5** こうじさんは　シールを　37まい　もって　います。お兄《にい》さんは，こうじさんより　18まい　多《おお》く　もって　います。お兄さんは　シールを　何まい　もって　いますか。（10点）

（しき）

答え〔　　　　〕

6 赤い　おはじきが　36こ，青い　おはじきが　48こ，黄色い　おはじきが　7こ　あります。おはじきは　ぜんぶで　何こ　ありますか。（10点）

（しき）

答え〔　　　　〕

3 ひき算《ざん》の　ひっ算《さん》 ①

学習のねらい

- ここでは，**2位数－1位数，2位数－2位数のひき算**で，くり下がりのない場合やくり下がりのある場合を段階的に学習していきます。
- **筆算のしかた**を理解し，**正確に速く**できるようにしていきます。

ステップ 1

1 つぎの　ひき算《ざん》を　しましょう。

(1) 60−3　　(2) 40−8　　(3) 50−5

(4) 30−1　　(5) 80−2　　(6) 70−6

たいせつ **2** 36−23 を　ひっ算《さん》で　します。□に　あてはまる　数《かず》を　書《か》きましょう。

① くらいを　そろえて　書く。

$$\begin{array}{r} 36 \\ -\,23 \\ \hline \end{array}$$

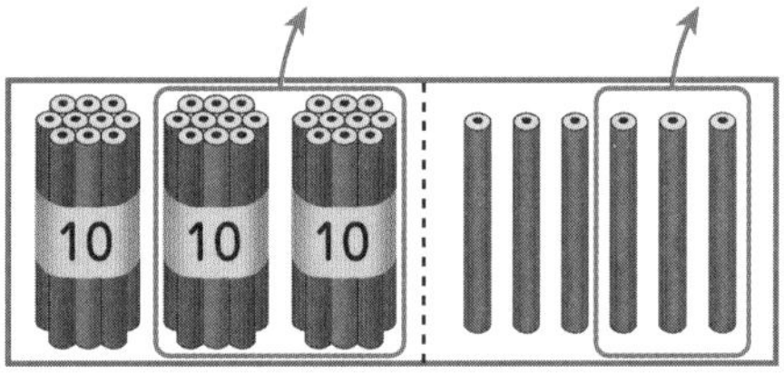

⇩

② 一のくらいの　計算《けいさん》

$$\begin{array}{r} 36 \\ -\,23 \\ \hline \square \end{array}$$

6−3=□

⇩

③ 十のくらいの　計算

$$\begin{array}{r} 36 \\ -\,23 \\ \hline \square\square \end{array}$$

3−2=□

④ 答《こた》えは□□

3 53−25を　ひっ算で　します。□に　あてはまる　数を　書きましょう。

$$\begin{array}{r} 5\ 3 \\ -\ 2\ 5 \\ \hline \end{array}$$

① くらいを　そろえて　書く。

⇩

$$\begin{array}{r} \square \\ \not{5}\ 3 \\ -\ 2\ 5 \\ \hline \square \end{array}$$

② 一のくらいの　計算

3から　5は　ひけないので，

十のくらいから　□　くり下げる。

13−5=□

⇩

$$\begin{array}{r} 4 \\ \not{5}\ 3 \\ -\ 2\ 5 \\ \hline \square\,\square \end{array}$$

③ 十のくらいの　計算

1くり下げたので　4。

4−2=□

④ 答えは□□

4 つぎの　ひっ算を　しましょう。

(1)
$$\begin{array}{r} 5\ 8 \\ -\ 3\ 6 \\ \hline \end{array}$$

(2)
$$\begin{array}{r} 9\ 4 \\ -\ 2\ 3 \\ \hline \end{array}$$

(3)
$$\begin{array}{r} 8\ 7 \\ -\ 3\ 7 \\ \hline \end{array}$$

(4)
$$\begin{array}{r} 6\ 2 \\ -\ 4\ 3 \\ \hline \end{array}$$

(5)
$$\begin{array}{r} 7\ 3 \\ -\ 4\ 6 \\ \hline \end{array}$$

(6)
$$\begin{array}{r} 9\ 0 \\ -\ 3\ 4 \\ \hline \end{array}$$

(7)
$$\begin{array}{r} 4\ 3 \\ -\ \ \ 7 \\ \hline \end{array}$$

(8)
$$\begin{array}{r} 5\ 2 \\ -\ \ \ 5 \\ \hline \end{array}$$

(9)
$$\begin{array}{r} 8\ 0 \\ -\ \ \ 9 \\ \hline \end{array}$$

月　　日　答え ➡ べっさつ 3 ページ

STEP 2 ステップ2

時間 20分
合かく 80点
とく点　　点
シール

たいせつ **1** つぎの　計算《けいさん》を　しましょう。(32点《てん》/1つ2点)

(1) 78 − 26

(2) 54 − 30

(3) 63 − 13

(4) 57 − 24

(5) 93 − 36

(6) 34 − 19

(7) 71 − 17

(8) 68 − 39

(9) 41 − 18

(10) 76 − 49

(11) 52 − 38

(12) 33 − 27

(13) 50 − 13

(14) 90 − 82

(15) 80 − 55

(16) 70 − 36

2 まん中の　数《かず》から，まわりの　数を　ひきましょう。(28点/1つ4点)

(1)

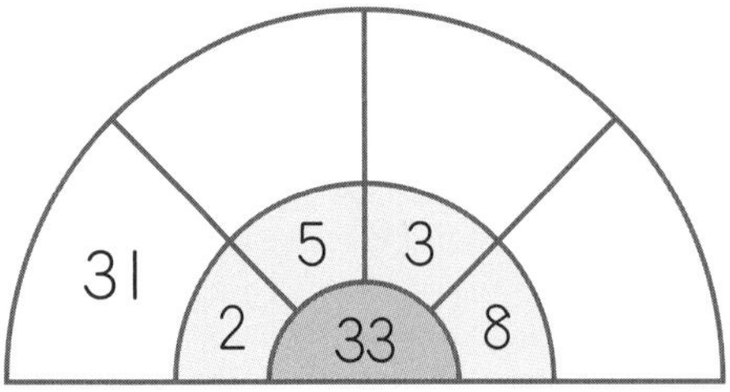

(2)

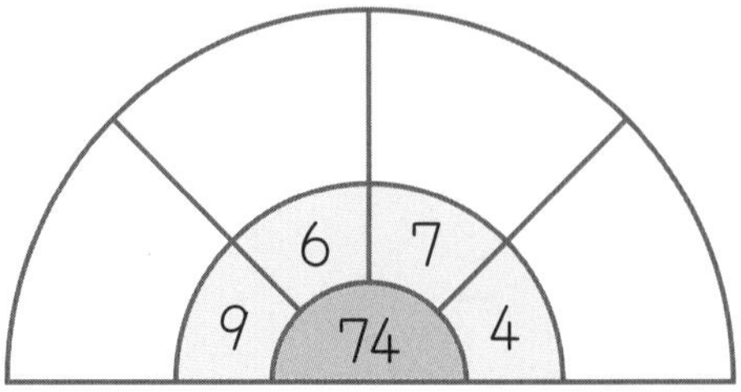

3 いちろうさんの　お兄《にい》さんの　年は　24才《さい》で，お姉《ねえ》さんは　お兄さんより　6才　下だそうです。お姉さんは　何《なん》才ですか。（10点）

（しき）

答《こた》え〔　　　　〕

4 赤い　チューリップが　36本　さいて　います。黄色《きいろ》い　チューリップは　それより　17本　少《すく》ないです。黄色い　チューリップは　何本　さいて　いますか。（10点）

（しき）

答え〔　　　　〕

5 かん字テストで　よし子さんは　96点，さち子さんは　88点でした。さち子さんは　よし子さんより　何点　少ないですか。（10点）

（しき）

答え〔　　　　〕

たいせつ **6** なわとびを　しました。ひろしさんは　71回《かい》　とびました。ゆかりさんは　90回　とびました。どちらが　何回　多《おお》く　とびましたか。（10点）

（しき）

答え〔　　　　〕が〔　　　　〕多い。

答え ➡ べっさつ 3 ページ

4　たし算《ざん》の　ひっ算《さん》②

学習のねらい

- 2位数＋2位数，3位数＋1，2位数を扱います。
- この中には，2度くり上がる計算も含まれます。下の位から順序よく計算できるようにしていきます。

ステップ1

たいせつ

1　つぎの　ひっ算《さん》を　しましょう。

(1) 83 ＋ 45

(2) 44 ＋ 72

(3) 24 ＋ 80

(4) 48 ＋ 95

(5) 39 ＋ 82

(6) 76 ＋ 25

(7) 327 ＋ 14

(8) 616 ＋ 66

(9) 726 ＋ 44

(10) 518 ＋ 6

(11) 121 ＋ 9

(12) 905 ＋ 5

2 ひっ算で　しましょう。また，答《こた》えを　たしかめましょう。

(1) 77+4　　　(2) 27+43

3 1年生　75人と　2年生　65人が　いっしょに　遠足《えんそく》に　行《い》きます。1年生と　2年生は　あわせて　何人《なんにん》　いますか。

（しき）

答え〔　　　　〕

4 ゆうきさんは，山で　どんぐりを　88こ　ひろいました。帰《かえ》り道《みち》で，また　34こ　ひろいました。ひろった　どんぐりは　何こに　なりましたか。

（しき）

答え〔　　　　〕

5 えりかさんは，お母《かあ》さんと　しおひがりに　行きました。貝を　お母さんは　70こ，えりかさんは　36こ　とりました。2人《ふたり》の　とった　貝は　あわせて　何こですか。

（しき）

答え〔　　　　〕

月　日　答え ➡ べっさつ 4 ページ

STEP 2

ステップ 2

時間 20分　合かく 80点

とく点　　点

シール

1 つぎの たし算《ざん》を しましょう。（48点《てん》/1つ3点）

(1) $\begin{array}{r} 91 \\ +38 \\ \hline \end{array}$　(2) $\begin{array}{r} 73 \\ +44 \\ \hline \end{array}$　(3) $\begin{array}{r} 53 \\ +56 \\ \hline \end{array}$　(4) $\begin{array}{r} 82 \\ +67 \\ \hline \end{array}$

(5) $\begin{array}{r} 83 \\ +42 \\ \hline \end{array}$　(6) $\begin{array}{r} 34 \\ +84 \\ \hline \end{array}$　(7) $\begin{array}{r} 82 \\ +53 \\ \hline \end{array}$　(8) $\begin{array}{r} 95 \\ +22 \\ \hline \end{array}$

(9) $\begin{array}{r} 75 \\ +37 \\ \hline \end{array}$　(10) $\begin{array}{r} 94 \\ +68 \\ \hline \end{array}$　(11) $\begin{array}{r} 68 \\ +39 \\ \hline \end{array}$　(12) $\begin{array}{r} 16 \\ +84 \\ \hline \end{array}$

(13) $\begin{array}{r} 823 \\ +\ \ 27 \\ \hline \end{array}$　(14) $\begin{array}{r} 921 \\ +\ \ 22 \\ \hline \end{array}$　(15) $\begin{array}{r} 208 \\ +\ \ 43 \\ \hline \end{array}$　(16) $\begin{array}{r} 541 \\ +\ \ \ \ 9 \\ \hline \end{array}$

たいせつ **2** つぎの たし算を しましょう。（12点/1つ3点）

(1) 35+6+74　　(2) 60+22+40

(3) 36+18+52　　(4) 97+3+25

3 お楽《たの》しみ会《かい》で　つかう　わかざりを，きのう　88こ，今日《きょう》 74こ　つくりました。わかざりを　あわせて　何《なん》こ　つくりましたか。(10点)

(しき)

答《こた》え〔　　　　〕

4 お店《みせ》で　59円の　ガムと　75円の　シールを　買《か》います。何円　はらえば　よいですか。(10点)

(しき)

答え〔　　　　〕

5 ゆりさんは　金曜日《きんようび》に　55羽《わ》，土曜日に　45羽，日曜日に　48羽　つるを　おりました。ぜんぶで　何羽　おりましたか。

(しき)　(10点)

答え〔　　　　〕

6 ご石ひろいきょうそうを　しました。赤組《あかぐみ》は　56こ　ひろいました。白組は，赤組より　17こ　多《おお》く　ひろいました。2つの　組の　ご石を　あわせると，何こですか。(10点)

(しき)

答え〔　　　　〕

答え ➡ べっさつ 4 ページ

5 ひき算《ざん》の　ひっ算《さん》 ②

学習のねらい

- **3位数－2位数，3位数－1位数の減法**を学習します。
- くり下がりのないものから，**くり下がり1回，くり下がり2回の減法**へと学習を進めていくことになります。

ステップ 1

たいせつ **1** つぎの　ひっ算《さん》を　しましょう。

(1) $\begin{array}{r} 176 \\ -\ \ 32 \\ \hline \end{array}$　(2) $\begin{array}{r} 159 \\ -\ \ 45 \\ \hline \end{array}$　(3) $\begin{array}{r} 141 \\ -\ \ 19 \\ \hline \end{array}$　(4) $\begin{array}{r} 185 \\ -\ \ 49 \\ \hline \end{array}$

(5) $\begin{array}{r} 146 \\ -\ \ 59 \\ \hline \end{array}$　(6) $\begin{array}{r} 100 \\ -\ \ 49 \\ \hline \end{array}$　(7) $\begin{array}{r} 125 \\ -\ \ 56 \\ \hline \end{array}$　(8) $\begin{array}{r} 107 \\ -\ \ 48 \\ \hline \end{array}$

(9) $\begin{array}{r} 136 \\ -\ \ 38 \\ \hline \end{array}$　(10) $\begin{array}{r} 141 \\ -\ \ 48 \\ \hline \end{array}$　(11) $\begin{array}{r} 101 \\ -\ \ \ 3 \\ \hline \end{array}$　(12) $\begin{array}{r} 100 \\ -\ \ \ 6 \\ \hline \end{array}$

(13) $\begin{array}{r} 279 \\ -\ \ 25 \\ \hline \end{array}$　(14) $\begin{array}{r} 498 \\ -\ \ 98 \\ \hline \end{array}$　(15) $\begin{array}{r} 754 \\ -\ \ 47 \\ \hline \end{array}$　(16) $\begin{array}{r} 812 \\ -\ \ \ 3 \\ \hline \end{array}$

2 ひっ算で　しましょう。また，答《こた》えを　たしかめましょう。

(1) 97−94　　(2) 51−8

3 たかひろさんは，シールを　138まい　もって　いました。そのうち　45まいを　弟《おとうと》に　あげました。たかひろさんは，今《いま》　シールを　何《なん》まい　もって　いますか。

(しき)

答え〔　　　　〕

4 よし子さんは　おこづかいを　183円，妹《いもうと》は　95円　もって　います。よし子さんと　妹の　もって　いる　おこづかいの　ちがいは　何円ですか。

(しき)

答え〔　　　　〕

5 138円の　色紙《いろがみ》と，79円の　えんぴつが　あります。どちらが　何円　高《たか》いですか。

(しき)

答え〔　　　　〕が〔　　　　〕高い。

月　　日　答え ➡ べっさつ 4 ページ

STEP 2

ステップ 2

時間 20分
合かく 80点

とく点　　点

シール

1 つぎの　ひき算《ざん》を　しましょう。(48点《てん》/1つ3点)

(1) $185 - 23$　(2) $267 - 38$　(3) $650 - 12$　(4) $359 - 20$

(5) $134 - 49$　(6) $153 - 97$　(7) $148 - 49$　(8) $160 - 71$

(9) $100 - 52$　(10) $100 - 38$　(11) $100 - 95$　(12) $100 - 9$

(13) $101 - 27$　(14) $103 - 54$　(15) $108 - 69$　(16) $106 - 99$

たいせつ 2 つぎの　ひき算を　しましょう。(8点/1つ2点)

(1) 120−70−18　(2) 130−40−55

(3) 173−80−10　(4) 149−90−40

3 えり子さんの　学校の　2年生は　121人　います。このうち，男の子は　67人です。男の子と　女の子は，どちらが　何人《なんにん》多《おお》いですか。（10点）

（しき）

答《こた》え〔　　　　　　〕が〔　　　　　　〕多い。

4 110ページ　ある　本を，きのう　58ページ，今日《きょう》　32ページ　読《よ》みました。あと，何ページ　のこって　いますか。（10点）

（しき）

答え〔　　　　　　〕

5 たかひろさんの　クラスの　学きゅう文こに，新《あたら》しい　本を　46さつ　買《か》いました。今《いま》まで　あった　ものと　あわせると　102さつに　なりました。今まで　あった　本は　何さつですか。（10点）

（しき）

答え〔　　　　　　〕

かいて まとめる **6** 100−84の　しきに　なる　もんだいを　つくり，答えを　もとめましょう。（14点）

（もんだい）＿＿＿＿＿＿＿＿＿＿＿＿＿＿＿＿＿＿＿＿

＿＿＿＿＿＿＿＿＿＿＿＿＿＿＿＿＿＿＿＿

＿＿＿＿＿＿＿＿＿＿＿＿＿＿＿＿＿＿＿＿

（しき）

答え〔　　　　　　〕

STEP 3 1～5

ステップ3

月　日　答え ➡ べっさつ 5 ページ

時間 20分　合かく 80点

とく点　　点

シール

1 数字《すうじ》で　書《か》きましょう。(16点《てん》/1つ4点)

(1) 三百六十　〔　　　　〕　(2) 五百八　〔　　　　〕

(3) 四百六十一　〔　　　　〕　(4) 七百五　〔　　　　〕

2 □に　あてはまる　数《かず》を　書きましょう。(16点/1つ4点)

(1) 100が　8こと　1が　7こで　□

(2) 320は　10が　□こ

(3) 645は　10が　□こと　1が　□こ

(4) 959は　100が　□こと　10が　□こと　□が　9こ

3 □に　あてはまる　＞，＜を　書きましょう。(8点/1つ2点)

(1) 79+37 □ 98　(2) 345 □ 328+26

(3) 92+29 □ 64+55　(4) 528+5 □ 514+16

4 つぎの　計算《けいさん》を　しましょう。(30 点 / 1 つ 5 点)

(1) 24+30+5　　(2) 31+15+16

(3) 35+42+69　　(4) 90−20−45

(5) 87−14−51　　(6) 172−88−53

たいせつ **5** こうたさんは　シールを　48 まい，ゆうきさんは　55 まい　もって　います。2人《ふたり》は　それぞれ　17 まいずつ，弟《おとうと》に　あげることに　しました。(30 点 / 1 つ 10 点)

(1) 2人が　はじめ　もって　いた　シールを　あわせると，何《なん》まいですか。

（しき）

答《こた》え［　　　　］

(2) 2人が　弟に　あげる　シールを　あわせると，何まいですか。

（しき）

答え［　　　　］

(3) 2人が　弟に　あげた　あとの　シールを　あわせると，何まいですか。

（しき）

答え［　　　　］

答え ➡ べっさつ 5 ページ

6 時《じ》こくと　時間《じかん》

学習のねらい

- **時刻**を時計から読めるようにします。また，時刻と時刻の間が**時間**であるというように，**時間と時刻との区別**をはっきりさせるようにします。
- 時間と分，1日と時間の関係を調べます。

ステップ 1

1 つぎの　時計《とけい》の　時《じ》こくは　何時何分《なんじなんぷん》ですか。

(1)

〔　　　　〕

(2)

〔　　　　〕

(3)

〔　　　　〕

(4)

〔　　　　〕

(5)

〔　　　　〕

(6)

〔　　　　〕

2 □に　数《かず》や　ことばを　書《か》きましょう。

(1) 1時間《じかん》＝□分　　(2) 1日＝□時間

(3) 朝《あさ》の　9時を　□9時，夜《よる》の　9時を　□9時と　いいます。

たいせつ **3** つぎの　時間は，どれだけですか。

(1) (午前《ごぜん》)  から　(午前)  まで　［　　　　］

(2) (午後《ごご》)  から　(午後)  まで　［　　　　］

たいせつ **4** 図《ず》を　見て，つぎの　時間を　答《こた》えましょう。

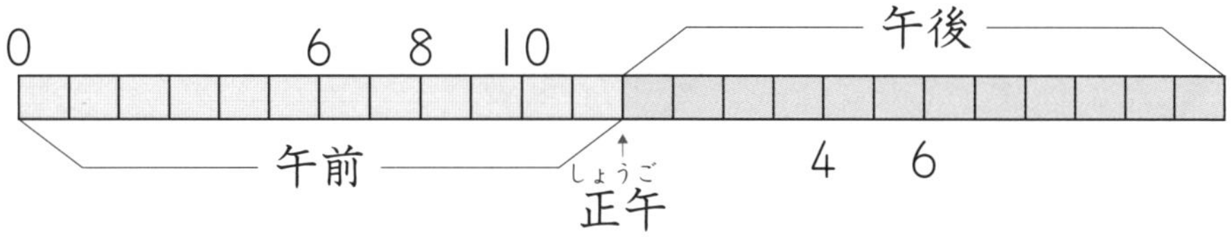

(1) 午前８時から　正午まで　［　　　　］

(2) 午前１０時から　午後４時まで　［　　　　］

(3) 午前６時から　午後６時まで　［　　　　］

5 右の　時計を　見て，つぎの　時こくを　答えましょう。

(1) 30分後《あと》　［　　　　］

(2) 20分前《まえ》　［　　　　］

月　　日 答え ➡ べっさつ 5 ページ

STEP 2

ステップ 2

時間 20分
合かく 80点
とく点　　　点
シール

たいせつ **1** □に 数《かず》や ことばを 書《か》きましょう。(25点《てん》/1つ5点)

(1) 60分《ぷん》＝□時間《じかん》　(2) 1時間20分＝□分

(3) 24時間＝□日　(4) 90分＝□時間□分

(5) みじかい はりが 一回《ひとまわ》りする 時間は，□

2 つぎの 時間は，どれだけですか。(21点/1つ7点)

(1) (午前《ごぜん》) 

から (午前) 

まで〔　　　　〕

(2) (午後《ごご》) 

から (午後) 

まで〔　　　　〕

(3) (午前) 

から (午後) 

まで〔　　　　〕

3 右の 時計《とけい》を 見て，つぎの 時こくを 答《こた》えましょう。(14点/1つ7点)

(1) 28分後《あと》〔　　　　〕

(2) 1時間前《まえ》〔　　　　〕

4 いつきさんは　きのう，右の　時こくに　家《いえ》を　出て，おつかいに　行《い》き，45 分　かかって　おつかいから　帰《かえ》りました。いつきさんが　おつかいから　帰った　時こくは　何《なん》時《じ》何分《なんぷん》ですか。（10 点）

5 ほのかさんは，6 時 30 分に　ばんごはんを　食《た》べ，3 時間後に　ねました。ほのかさんが　ねた　時こくは，何時何分ですか。（10 点）

6 ひかりさんは，電車《でんしゃ》に　のって　おじさんの　家へ　行きます。午前 9 時 18 分に　ひかりさんの　町の　えきを　出て，おじさんの　町の　えきへ　ついたのは　午前 9 時 55 分でした。電車に　のって　いた　時間は　どれだけですか。（10 点）

7 けんじさんは，遠足《えんそく》に　行きました。学校を　出たのは，午前 10 時でした。学校へ　帰ったのは　午後 4 時でした。時間は，どれだけ　かかりましたか。（10 点）

7 長《なが》さ ①

学習のねらい

✓長さの測定には，**単位が必要**です。ここでは，長さの単位として cm，mmがあることを知り，その**相互関係**を調べさせるようにします。

ステップ 1

1 □に　あてはまる　ことばや　たんいを　書《か》きましょう。

(1) 長《なが》さを　はかる　□には，センチメートルが　あり，□と　書きます。

(2) 1cmを　同《おな》じ　長さに，10に　分《わ》けた　1つ分《ぶん》の　長さを，□と　いい，□と　書きます。

たいせつ **2** ㋐から　㋑までの　長さは　1cm5mmです。つぎの　長さは，どれだけですか。

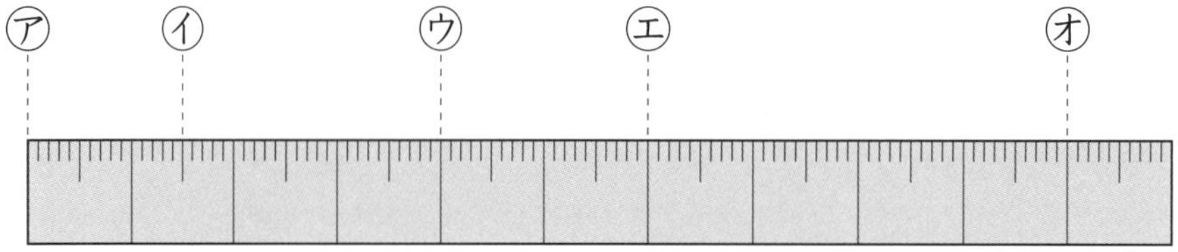

(1) ㋐から　㋒まで　…………　〔　　　　〕

(2) ㋒から　㋔まで　…………　〔　　　　〕

(3) ㋑から　㋓まで　…………　〔　　　　〕

たいせつ **3** □に　あてはまる　数《かず》を　書きましょう。

(1) 3cm＝□mm　　(2) 2cm8mm＝□mm

(3) 60mm＝□cm　　(4) 88mm＝□cm□mm

(5) 145mm＝□cm□mm

4 つぎの　計算《けいさん》を　しましょう。

(1) 14cm＋6cm＝□cm

(2) 23cm−5cm＝□cm

(3) 60cm−15cm＝□cm

(4) 18mm−9mm＝□mm

5 赤の　テープが　7cm，黄《き》の　テープが　10cm，みどりの　テープが　12cm　あります。

(1) 赤と　黄の　テープを　あわせると，何《なん》cmに　なりますか。

（しき）

答《こた》え［　　　　］

(2) みどりと　赤の　テープを　あわせると，何cmに　なりますか。

（しき）

答え［　　　　］

月　　日　答え ➡ べっさつ 6 ページ

STEP 2

ステップ 2

時間 20分
合かく 80点

とく点　　点

シール

1 たいせつ　つぎの　線《せん》の　長《なが》さは　何《なん》mm ですか。また，その　長さを　cm と　mm の　たんいを　つかって　書《か》きましょう。(30点《てん》/1つ5点)

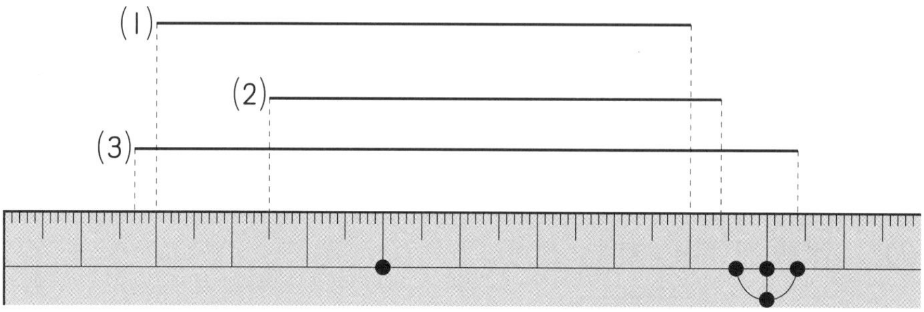

(1)

(2)

(3)

2 つぎの　線の　長さは　何 cm 何 mm ですか。(10点/1つ5点)

(1)

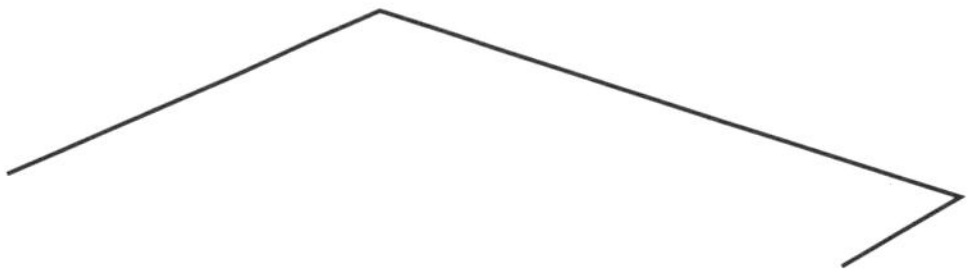

〔　　　　〕

(2)

〔　　　　〕

3 つぎの　長さの　直線《ちょくせん》を　かきましょう。(10点/1つ5点)

(1) 5cm　•

(2) 9cm 2mm　•

4 (　)の　中の　たんいに　なおしましょう。(15点/1つ5点)

(1) 8cm　(mm)　〔　　　　〕

(2) 64mm　(cm，mm)　〔　　　　〕

(3) 5cm7mm　(mm)　〔　　　　〕

5 長い　じゅんに　ならべかえましょう。(15点/1つ5点)

(1) 5cm9mm，61mm，5cm7mm

〔　　　　→　　　　→　　　　〕

(2) 98mm，9cm9mm，10cm1mm

〔　　　　→　　　　→　　　　〕

(3) 101mm，8cm，10cm5mm

〔　　　　→　　　　→　　　　〕

たいせつ **6** つぎの　計算《けいさん》を　しましょう。(20点/1つ5点)

(1) 30mm＋62mm＝□cm□mm

(2) 5cm＋36mm＝□cm□mm

(3) 16cm5mm－5cm＝□cm□mm

(4) 3cm－1cm5mm＝□cm□mm

8 長《なが》さ ②

学習のねらい

- 長さの単位としての**m（メートル）**を中心に，学習していきます。
- 「長さ ①」のcm，mmとも関連させ，長い長さも測定できるようにさせることが大切です。

ステップ 1

たいせつ **1** □に あてはまる 数《かず》を 書《か》きましょう。

(1) 1m＝□cm　　(2) 600cm＝□m

(3) 2m10cm＝□cm

(4) 180cm＝□m□cm

2 つぎの 計算《けいさん》を しましょう。

(1) 17m＋12m＝□m

(2) 80cm－40cm＝□cm

(3) 1m－70cm＝□cm

3 〔 〕に あてはまる 長《なが》さの たんいを 書きましょう。

(1) バスの 長さ　7〔　　〕

(2) 教科書《きょうかしょ》の あつさ　5〔　　〕

(3) たなの よこはば　30〔　　〕

4 くみさんが，先生の　つくえの　よこの　長さを　はかると，30cmの　ものさしで　3回《かい》と　あと　20cm　ありました。

(1) つくえの　よこは，何《なん》cm　ありますか。

〔　　　　　〕

(2) また，それは　何m何cmと　いえますか。

〔　　　　　〕

5 まりさんの　しん長《ちょう》は，きょ年　1m28cmでした。今年《ことし》は，きょ年より　8cm　のびて　いました。今年の　しん長は，何m何cmですか。

（しき）

答《こた》え〔　　　　　〕

6 まさるさんの　家《いえ》の　まどの　よこの　長さは　2m35cmで，たての　長さは　2m45cm　ありました。たての長さは，よこの　長さより，何cm　長いですか。

（しき）

答え〔　　　　　〕

月　　日　答え ➡ べっさつ 6 ページ

ステップ 2

時間 20分　合かく 80点　とく点　　点　シール

たいせつ **1** (　)の 中の たんいに なおしましょう。(20点《てん》/1つ5点)

(1) 5m (cm)　〔　　　〕

(2) 520cm (m，cm)　〔　　　〕

(3) 1m85cm (cm)　〔　　　〕

(4) 3m5cm (cm)　〔　　　〕

2 長《なが》い じゅんに ならべかえましょう。(20点/1つ10点)

(1) 2m8cm，210cm，2m14cm

〔　　　→　　　→　　　〕

(2) 6m9cm，610cm，5m90cm

〔　　　→　　　→　　　〕

3 つぎの 計算《けいさん》を しましょう。(20点/1つ5点)

(1) 3m70cm＋4m＝□m□cm

(2) 7m9cm－5m＝□m□cm

(3) 840cm＋2m＝□m□cm

(4) 380cm－1m40cm＝□m□cm

4 1m10cm　ある　くいを，土の　中へ　30cm　入れました。土の　上に　出て　いるのは，何《なん》cm ですか。（10点）

（しき）

答《こた》え〔　　　　〕

たいせつ **5** ひろ子さんの　お父《とう》さんの　しん長《ちょう》は，あと　28cm で　2m に　なるそうです。お父さんの　しん長は，何 m 何 cm ですか。

（しき）　（10点）

答え〔　　　　〕

6 あきらさんは，先生の　本ばこの　たての　長《なが》さを　はかりました。30cm の　ものさしで，4回《かい》と　あと　10cm　ありました。たての　長さは　何 m 何 cm ですか。（10点）

（しき）

答え〔　　　　〕

7 あなたの　みの回《まわ》りで，50cm より　長くて　1m より　みじかいものを　2つ　見つけて，長さも　書《か》きましょう。

（10点／1つ5点）

〔　　　　〕〔　　　　〕

長さ（　　　　）長さ（　　　　）

9 かさ

学習のねらい

✓体積の測定を問題とする学習です。まず，**比較を通して単位を導入する**ようにします。単位としては，L（**リットル**），dL（**デシリットル**），mL（**ミリリットル**）を使いますが，単位をつくり出す経験が重要になります。

ステップ 1

たいせつ **1** みつおさんは，いろいろな　入れものに，同《おな》じ　コップで　何《なん》ばい　はいるか　しらべました。たくさん　はいった　じゅんに，きごうを　書《か》きましょう。

ア
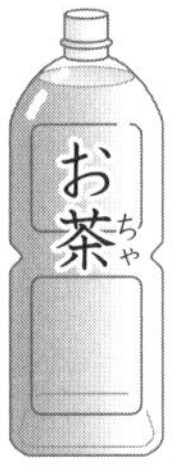

（8はい）

イ
牛《ぎゅう》にゅう
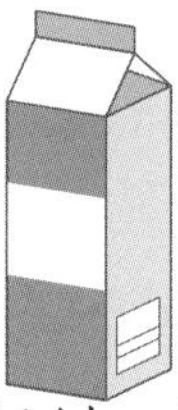
（4はい）

ウ
ジュース

（2はい）

エ

（10ぱい）

〔　　→　　→　　→　　〕

2 〔　〕に　あてはまる，かさの　たんいを　書きましょう。

(1) せんめんきに　はいった　水　2〔　　〕

(2) パックに　はいった　ジュース　200〔　　〕

(3) 目ぐすりの　ようき　15〔　　〕

(4) ペットボトルに　はいった　お茶　1〔　　〕

3 □に　あてはまる　たんいや　数《かず》を　書きましょう。

(1) かさの　たんいには，L や　□が　あります。もっと

小さい　たんいには，□も　あります。

(2) 1L は　□dL です。また，1L は　□mL です。

4 水が　ますに　はいって　います。水の　かさは，どれだけですか。

(1)

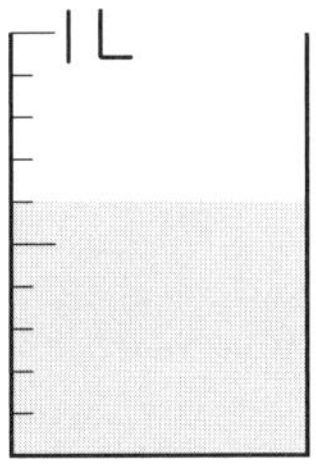

〔　　〕dL

(2)

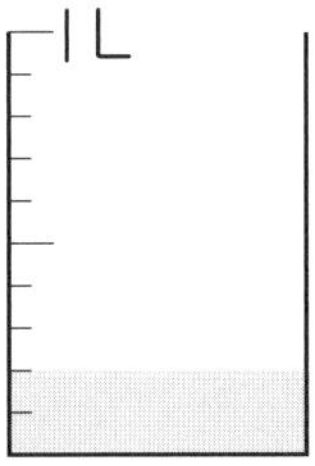

〔　　〕dL

(3)

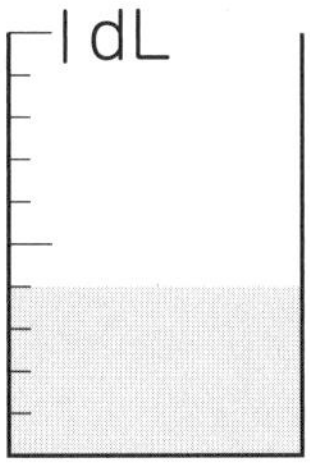

〔　　〕mL

たいせつ **5** □に　あてはまる　数を　書きましょう。

(1) 3L＝□dL

(2) 2L5dL＝□dL

(3) 50dL＝□L

(4) 36dL＝□L□dL

(5) 1L＝□mL

(6) 800mL＝□dL

(7) 4dL＝□mL

(8) 700dL＝□L

月　日　答え ➡ べっさつ 7 ページ

ステップ 2

時間 20分　合かく 80点　とく点　　点　シール

1 (たいせつ) □に あてはまる 数《かず》を 書《か》きましょう。(24点《てん》/1つ3点)

(1) 4L＝□dL　(2) 100dL＝□L

(3) 5L6dL＝□dL　(4) 72dL＝□L□dL

(5) 106dL＝□L□dL　(6) 15L3dL＝□dL

(7) 200mL＝□dL　(8) 10dL＝□mL

2 大きい じゅんに ならべましょう。(10点/1つ5点)

(1) 50dL，6L，8L3dL，5L9dL

〔　　→　　→　　→　　〕

(2) 9L，81dL，40L，360dL

〔　　→　　→　　→　　〕

3 しょうゆが，びんに 2L はいって います。お母《かあ》さんが，きょう 5dL つかいました。のこりは 何 dL ですか。(6点)

〔　　　　〕

4 つぎの　計算《けいさん》を　しましょう。(30点/1つ5点)

(1) 3L+15L=□L　　(2) 4dL+35dL=□dL

(3) 47dL+8dL=□L□dL　　(4) 18dL−1L=□dL

(5) 400mL−100mL=□dL

(6) 36dL−1000mL=□L□dL

たいせつ **5** はじめさんの　水とうには，1dL ますで　13ばい，たかしさんの　水とうには，1L ますで　1ぱいと　1dL ますで　1ぱい，水が　はいります。(30点/1つ10点)

(1) それぞれ　どれだけ　水が　はいりますか。

はじめさん〔　　　　〕 たかしさん〔　　　　〕

(2) どちらが　どれだけ　多《おお》く　はいりますか。

(しき)

答《こた》え〔　　　　〕の　水とうが　〔　　　　〕多い。

(3) あわせると，水は　どれだけ　はいりますか。

(しき)

答え〔　　　　〕

10 ひょうと　グラフ

学習のねらい

- ここでは，まず，数字だけで表されている**表の数字の意味**をとらえさせることが大切です。
- 次に，この表を**グラフ**に正しくかき表すことが大切です。

ステップ 1

たいせつ **1** どうぶつ園《えん》の　どうぶつの　数《かず》を　しらべます。

(1) しらべた　数を　下の　ひょうに　書《か》きましょう。

どうぶつの　数

名まえ	きりん	さる	くま	うま
数				

(2) どうぶつの　数を　右の　グラフに　あらわしましょう。(○を　かきましょう。)

(3) いちばん　多《おお》いのは　どの　どうぶつですか。

〔　　　　〕

(4) 7ひき　いるのは　どの　どうぶつですか。

〔　　　　〕

どうぶつの　数

○			
○			
○			
○			
○			
○			
○			
○			
きりん	さる	くま	うま

2 そうたさんたちは　くりひろいに　行《い》きました。下の　ひょうは，そのときの　ひろった　くりの　数です。

ひろった　くりの　数

名まえ	そうた	さくら	はると	みお
ひろった　数	14	13	9	18

(1) いちばん　たくさん　ひろったのは　だれですか。

〔　　　　〕

(2) そうたさんは　何《なん》こ　ひろいましたか。

〔　　　　〕

(3) いちばん　多い　人の　数と，少《すく》ない　人の　数の　ちがいは　何こですか。

〔　　　　〕

月　日　答え ➡ べっさつ 7 ページ

STEP 2

ステップ 2

時間 20分　合かく 80点　とく点　点　シール

たいせつ **1** まさみさんたちは，玉入れを しました。1回《かい》に 5こずつ なげました。右の ひょうは，3回の はいった 数《かず》を あらわした ものです。（50点《てん》/1つ10点）

玉入れの　けっか

回	まさみ	ひなた	みのる	めぐみ
①	0	2	3	2
②	2	1	5	3
③	2	3	1	3

(1) 1人《ひとり》が なげた 玉は，ぜんぶで 何《なん》こでしたか。

〔　　　　〕

(2) はいった 数が いちばん 多《おお》かったのは，だれの 何回目ですか。

〔　　　　〕の〔　　　　〕

(3) 1回目と 2回目と 3回目の はいった 数を あわせて，右の グラフに あらわしましょう。（○を かきましょう。）

玉入れの　けっか

まさみ	ひなた	みのる	めぐみ

(4) いちばん 多く はいった 人は だれで，何こですか。

〔　　　　〕で〔　　　　〕

(5) はいった 数が 少《すく》ない ほうから 2番目《ばんめ》の 人は だれで，何こですか。

〔　　　　〕で〔　　　　〕

2 下の　ひょうは　はるかさんの　はんの　かん字テストの　けっかです。(30点/1つ10点)

かん字テストの　けっか

はるか	○	×	○	○	○	○	×	○	○	○
しんじ	○	○	○	○	○	×	○	○	○	○
ようこ	×	○	○	○	○	×	×	○	○	○
ひでと	○	×	○	×	○	○	×	×	×	○

(○…せいかい，×…まちがい)

かん字テストの　けっか

はるか	しんじ	ようこ	ひでと

(1) だれが　いちばん　せいかいが　多かったか　わかる　グラフを　かきましょう。(○を　かきましょう。)

(2) いちばん　せいかいが　多かったのは　だれで，いくつ　できましたか。

〔　　　　　〕で　〔　　　　　〕

(3) 1つ　10点《てん》で　点を　つけました。ようこさん，ひでとさんは　それぞれ　何点ですか。

ようこさん〔　　　　　〕　ひでとさん〔　　　　　〕

3 右の　グラフは　わなげあそびの　はんごとの　せいせきです。1つの　○が　1点です。それぞれの　はんは　何点ですか。(20点/1つ5点)

わなげあそびの　せいせき

1ぱん	○○○○
2はん	○○○○○○
3ぱん	○○
4はん	○○○○

1ぱん〔　　　　　〕　2はん〔　　　　　〕　3ぱん〔　　　　　〕　4はん〔　　　　　〕

ステップ 3

6 ~ 10

月　日　答え ➡ べっさつ 8 ページ

時間 20分　合かく 80点

とく点　　点

シール

1 □に　あてはまる　数《かず》を　書《か》きましょう。(20点《てん》/1つ5点)

(1) 115分《ふん》＝□時間《じかん》□分　(2) 2時間 10分《ぷん》＝□分

(3) 109cm＝□m□cm　(4) 7L 4mL＝□mL

2 つぎの　時間は，どれだけですか。(20点/1つ10点)

(1)  から  まで　〔　　　〕

(2)  から  まで　〔　　　〕

3 □に　あてはまる　数を　書きましょう。(20点/1つ5点)

(1) 5cm 6mm＋9cm 9mm＝□mm

(2) 17m 82cm－9m 25cm＝□m□cm

(3) 10L－3L 9dL＝□L□dL

(4) 4L 8dL＋1500mL＝□L□dL

4 ゆいさんは　午後《ごご》2時に　はじまる　えい画《が》を　見る　ために，家《いえ》から　35分　かけて　えい画かんに　行《い》きました。ついた　とき，ちょうど　えい画が　はじまり，2時間後に　おわりました。つぎの　時こくを　もとめましょう。（20点/1つ10点）

(1) ゆいさんが　家を　出た　時こく

〔　　　　　〕

(2) えい画が　おわった　時こく

〔　　　　　〕

5 40cmの　テープを　4本　つなぐと，長《なが》さは　何《なん》cmに　なりますか。また，何m何cmですか。（10点）

〔　　　　　　　　　〕

6 牛《ぎゅう》にゅうが　3L　あります。きのうは　3dL，今日《きょう》は　4dL　のみました。のこりは　何L何dLに　なりますか。（10点）

〔　　　　　〕

月　日

答え ➡ べっさつ 8 ページ

11 ばいと　かけ算《ざん》

学習のねらい

ここでは，**乗法の基礎となる経験**を豊かにすることが大切です。また，乗法の基礎として，**何倍の考え方**をしっかり身につけさせておくことが大切です。

ステップ 1

1 れいを　見て，□に　あてはまる　数《かず》を　書《か》きましょう。

(れい)

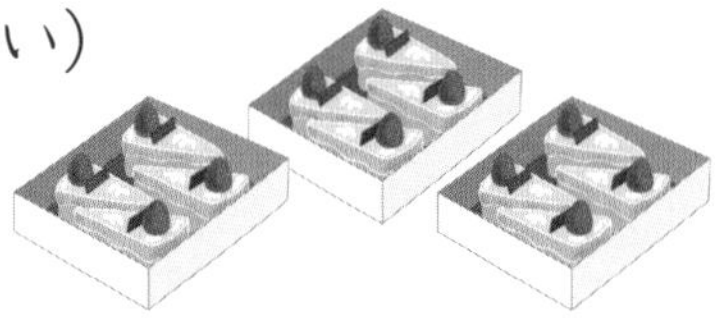

ケーキが　1はこに　4こずつ。
3はこ分《ぶん》で　12こ。

(1)

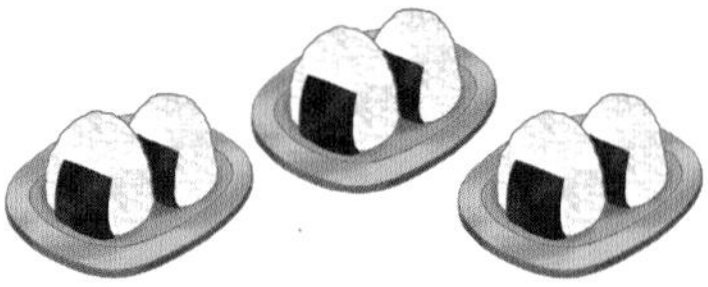

おにぎりが　1さらに　□こずつ。
□さら分で　□こ。

(2)

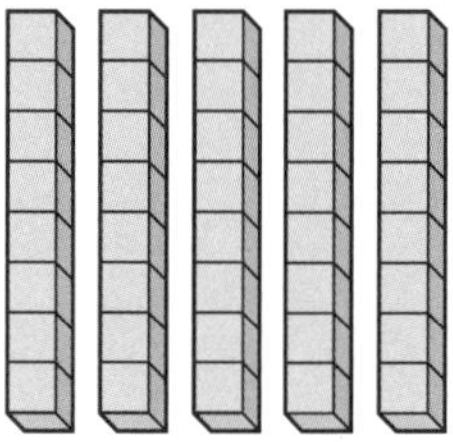

ブロックが　1れつに　□こずつ。
□れつ分で　□こ。

2 ぜんぶの　数を　もとめる　かけ算《ざん》の　しきと，答《こた》えを　書きましょう。

(1)

(しき)

答え〔　　〕

(2)

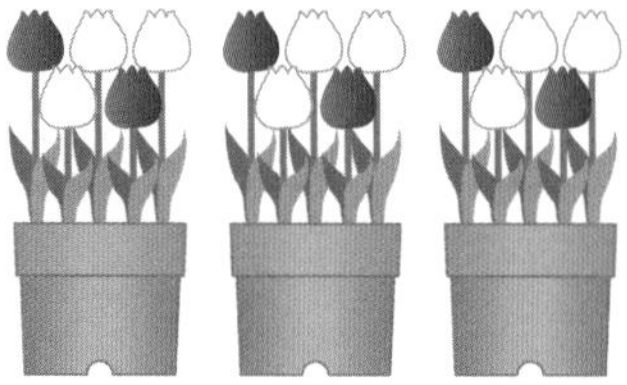

(しき)

答え〔　　〕

3 かけ算の　しきに　書きましょう。

(1) 6+6+6+6+6　[　　　　]

(2) 7+7+7+7+7+7+7+7　[　　　　]

(3) 3+3+3+3+3+3　[　　　　]

たいせつ 4 □に　あてはまる　数を　書きましょう。

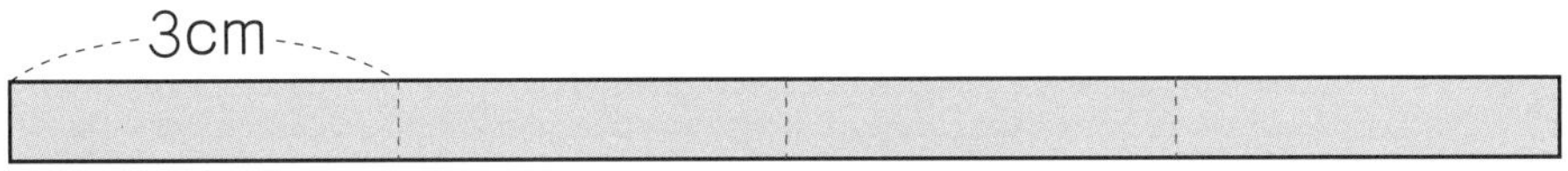

(1) 3cm の　4 つ分の　長《なが》さは，3cm の □ばいです。

(2) 3cm の　4 ばいの　長さは，□×□で　もとめる　ことが　できます。

5 かけ算の　しきに　書きましょう。

(1) ノートを　2 さつずつ，8 人に　わたします。

[　　　　]

(2) 色紙《いろがみ》を　1 人《ひとり》に　8 まいずつ，5 人に　あげます。

[　　　　]

(3) せんべいが　6 まいずつ　はいって　いる　ふくろが　4 つ　あります。

[　　　　]

月　　日　答え ➡ べっさつ 8 ページ

STEP 2

ステップ 2

時間 20分
合かく 80点

とく点　　点

シール

1 れいのように して，計算《けいさん》を しましょう。(20点《てん》/1つ4点)

(れい) 6×4＝6＋6＋6＋6＝24

(1) 7×3

(2) 5×4

(3) 6×6

(4) 7×8

(5) 8×9

たいせつ **2** たし算《ざん》で 答《こた》えを 出してから，かけ算の しきに 書《か》きましょう。(30点/1つ10点)

(1) みかんを 1人《ひとり》に 2こずつ，4人に くばります。みかんは 何《なん》こ いりますか。

〔　　　　〕

(2) めぐみさんの クラスの 女の子が 4人ずつ 手を つないだら，ちょうど 5組《くみ》 できました。女の子は みんなで 何人ですか。

〔　　　　〕

(3) かんづめが はこに 8こずつ はいって います。3はこでは，かんづめは 何こに なりますか。

〔　　　　〕

3 つぎの もんだいを，かけ算の しきに 書きましょう。答えは，たし算で 出しましょう。(10点/1つ5点)

(1) 色紙《いろがみ》を 1人に 3まいずつ，7人に くばります。色紙は何まい いりますか。

(しき)

答え〔　　　　〕

(2) 4週間《しゅうかん》は 何日ですか。(1週間は 7日です。)

(しき)

答え〔　　　　〕

4 図《ず》を 見て，答えましょう。(30点/1つ10点)

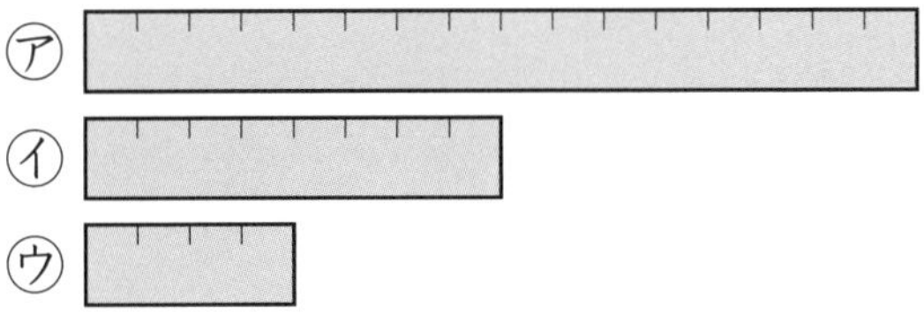

(1) ㋐は，㋑の 何ばいですか。〔　　　　〕

(2) ㋑は，㋒の 何ばいですか。〔　　　　〕

(3) ㋐は，㋒の 何ばいですか。〔　　　　〕

5 長《なが》いすが 9きゃく あります。1きゃくに 3人ずつ すわると，何人 すわれますか。(10点)

(しき)

答え〔　　　　〕

12 かけ算《ざん》 ①

学習のねらい

ここでは，**二，三，四，五の段のかけ算**を中心に学習します。各段の答えを求めて九九の表をつくり，かけ算九九をしっかり覚えることが大切です。また，**九九の表のしくみ**にも目を向けさせていきます。

ステップ 1

1 れいのように，かけ算《ざん》の　しきに　なおして，答《こた》えを　書《か》きましょう。

（れい）5 の　4 ばい ➡ 5×4=20

(1) 3 の　9 ばい ➡

(2) 2 の　6 ばい ➡

たいせつ **2** つぎの　かけ算を　しましょう。

(1) 2×4　　(2) 4×9　　(3) 5×5

(4) 2×1　　(5) 5×3　　(6) 2×3

(7) 3×4　　(8) 2×8　　(9) 4×6

(10) 5×8　　(11) 4×7　　(12) 3×7

3 かけ算の　しきを　つくって，□の　数《かず》を　もとめましょう。

(1)

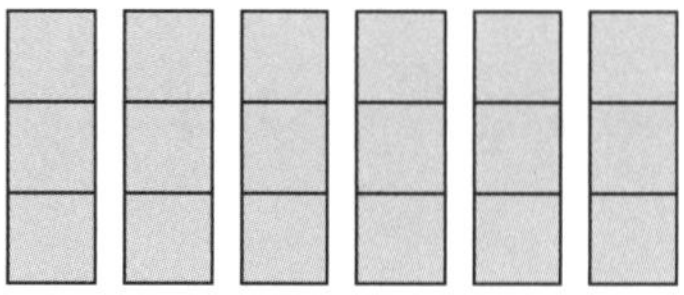

（しき）

答え〔　　　〕

(2)

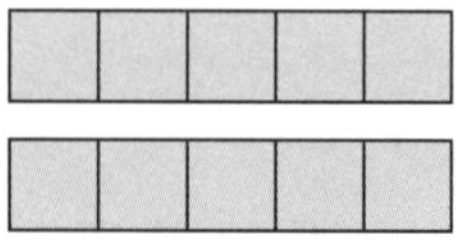

（しき）

答え〔　　　〕

4 九九《くく》を　つかって，計算《けいさん》しましょう。

(1) ふうせんは，ぜんぶで　何《なん》こ　ありますか。

（しき）

答え［　　　　　］

(2) 1ふくろに　5こ　はいった　あんパンを　4ふくろ　買《か》いました。あんパンは　ぜんぶで　何こ　ありますか。

（しき）

答え［　　　　　］

(3) 右のような　形《かたち》を，7こ　つくるには，ぼうが何本　いりますか。

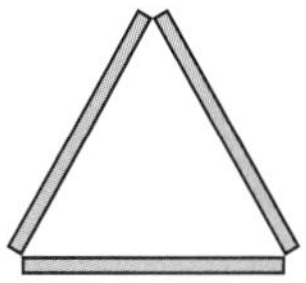

（しき）

答え［　　　　　］

5 どちらが　大きいですか。□の　中に　>，<の　きごうを入れて　答えましょう。

(1) 3×6 □ 3×7　　(2) 4×8 □ 3×8

月　日　答え ➡ べっさつ 9 ページ

STEP 2

ステップ 2

時間 20分　合かく 80点　とく点　点　シール

1 つぎの　かけ算《ざん》を　しましょう。(24点《てん》/1つ3点)

(1) 2×6　(2) 3×7　(3) 4×1

(4) 5×2　(5) 4×9　(6) 2×3

(7) 5×9　(8) 3×8

2 まん中の　数《かず》に，まわりの　数を　かけた　答《こた》えを　書《か》きましょう。(24点/1つ12点)

(1)

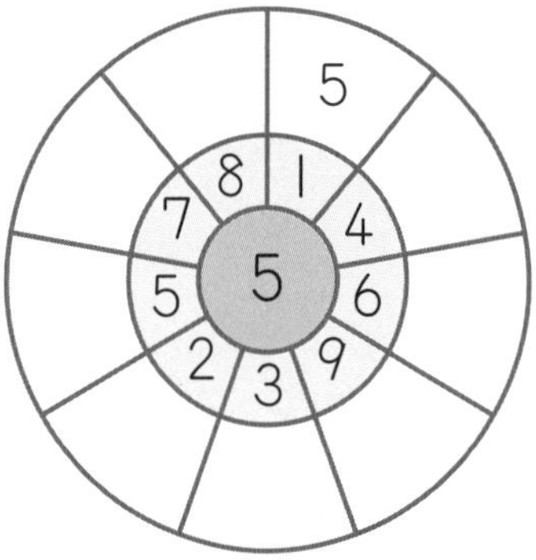

(2)

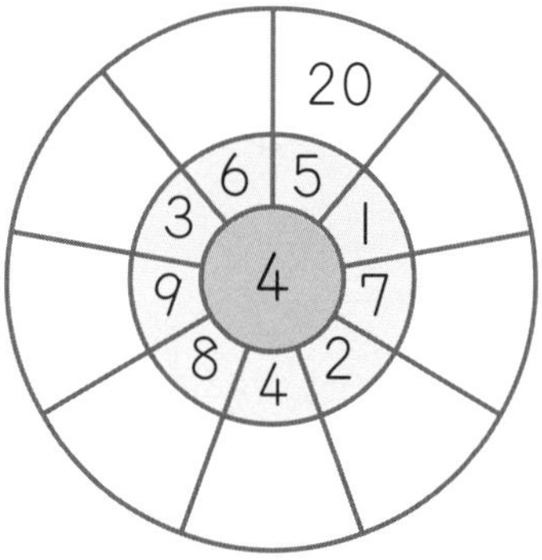

3 おかしが　5こずつ　はいって　いる　はこが，6はこ　あります。おかしは，ぜんぶで　何《なん》こ　ありますか。(10点)

(しき)

答え〔　　　　〕

たいせつ **4** まさるさんの　はんは　8人　います。1人に　4cmの　竹ひごを　1本ずつ　くばろうと　思《おも》います。みんなで，何cmの　竹ひごが　いりますか。(10点)

(しき)

答え〔　　　　〕

たいせつ **5** はこの　中に，ケーキが　5こずつ　4れつに　ならんで　はいって　います。このうち　3こ　食《た》べると，ケーキは　何こになりますか。(10点)

(しき)

答え［　　　　　］

6 3人　すわれる　こしかけが　8きゃくと，4人　すわれる　こしかけが　6きゃく　あります。みんなで，何人　すわれますか。(10点)

(しき)

答え［　　　　　］

7 ドーナツが　4こずつ　はいった　はこが　8はこ　あります。この　ドーナツを　30人の　子どもに　1こずつ　くばります。ドーナツは　たりますか。その　りゆうを　しきや　ことばを　つかって　書きましょう。(12点)

［たります・たりません］

(りゆう)＿＿＿＿＿＿＿＿＿＿＿＿＿＿＿＿＿＿＿＿

＿＿＿＿＿＿＿＿＿＿＿＿＿＿＿＿＿＿＿＿

＿＿＿＿＿＿＿＿＿＿＿＿＿＿＿＿＿＿＿＿

＿＿＿＿＿＿＿＿＿＿＿＿＿＿＿＿＿＿＿＿

13 かけ算《ざん》 ②

学習のねらい

ここでは，前単元に続いて，**六，七，八，九，一の段の九九**を中心に，乗法の理解を深めていきます。もちろん，これまでに学習した**すべての九九もまとめて**学習させていきます。

STEP 1 ステップ1

1 れいのように，かけ算《ざん》の　しきに　なおして，答《こた》えを　書《か》きましょう。

（れい）６の　２ばい ➡ 6×2＝12

(1) ９の　４ばい ➡

(2) ８の　７ばい ➡

たいせつ **2** つぎの　かけ算を　しましょう。

(1) 6×6　　(2) 7×4　　(3) 8×8

(4) 1×7　　(5) 9×6　　(6) 7×2

(7) 8×4　　(8) 6×7　　(9) 9×7

3 かけ算の　しきを　つくって，□の　数《かず》を　もとめましょう。

(1)

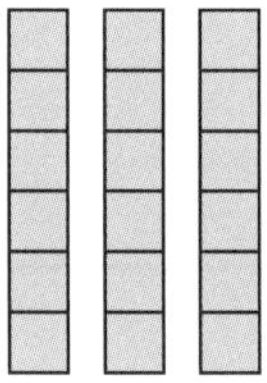

（しき）

答え［　　　］

(2)

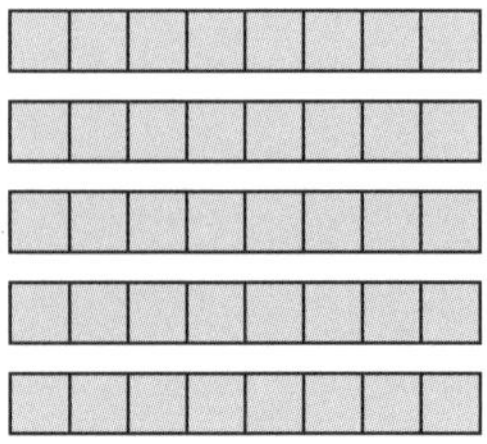

（しき）

答え［　　　］

たいせつ

4 つぎの　もんだいを，かけ算の　しきに　書き，九九《くく》を　つかって　答えを　出しましょう。

(1) 一組《ひとくみ》　6人ずつで，かけっこを　します。8組　できました。みんなで　何人《なんにん》　いますか。

（しき）

答え〔　　　　〕

(2) お父《とう》さんは，毎日《まいにち》　会社《かいしゃ》で，8時間《じかん》ずつ　はたらきます。6日間では，何時間　はたらく　ことに　なりますか。

（しき）

答え〔　　　　〕

(3) 8週間《しゅうかん》は　何日ですか。（1週間は　7日です。）

（しき）

答え〔　　　　〕

5 どちらが　大きいですか。□の　中に　>，<の　きごうを　入れて　答えましょう。

(1) 7×7 □ 7×8　　(2) 6×9 □ 5×9

(3) 9×6 □ 4×9　　(4) 8×5 □ 5×7

月 日	答え ➡ べっさつ10ページ

ステップ 2

時間 20分
合かく 80点

とく点　　点

シール

たいせつ 1 つぎの かけ算《ざん》を しましょう。（16点《てん》/1つ2点）

(1) 7×7　　(2) 8×4　　(3) 9×3

(4) 1×1　　(5) 6×4　　(6) 7×5

(7) 8×6　　(8) 9×7

2 まん中の 数《かず》に，まわりの 数を かけた 答《こた》えを 書《か》きましょう。（24点/1つ12点）

(1)

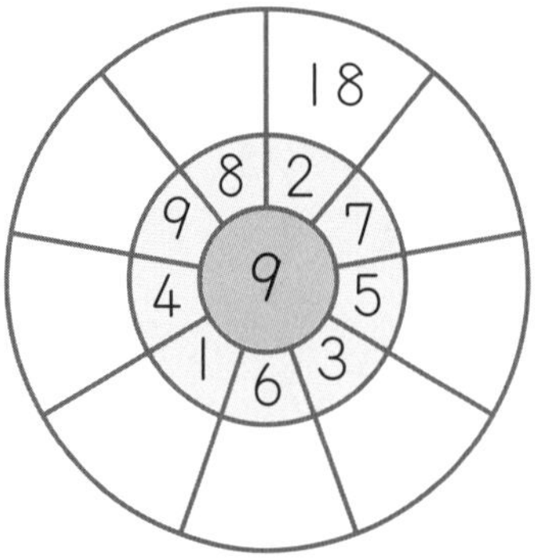

(2)

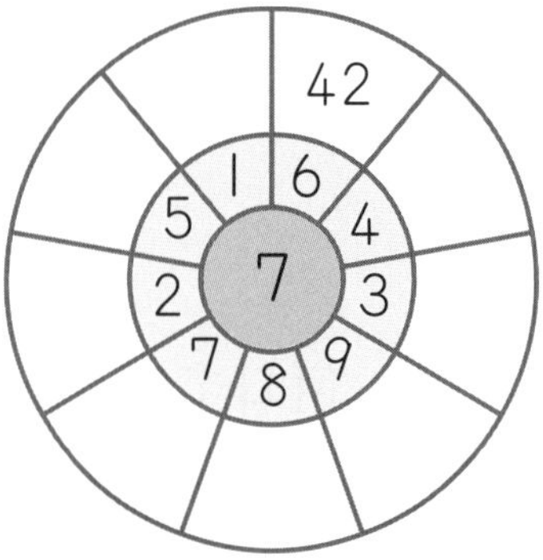

3 右の 形《かたち》の へんの 長《なが》さは，どれも 9cm です。まわりの 長さは 何《なん》cm ですか。（10点）

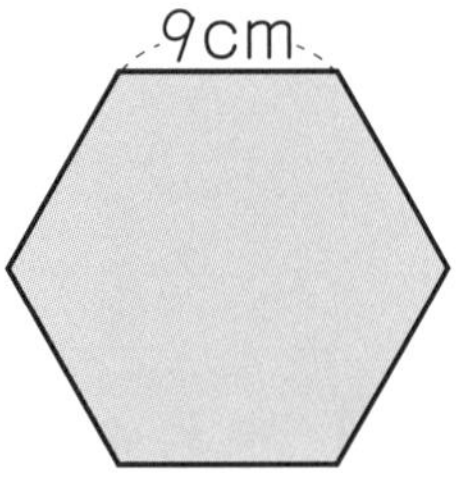

（しき）

答え［　　　　］

4 6こずつ はいって いる せっけんの はこが，7はこ あります。せっけんは，ぜんぶで 何こ ありますか。（10点）

（しき）

答え［　　　　］

たいせつ **5** 右のような　形《かたち》を　9人が　1つずつ　つくります。ぼうは，ぜんぶで　何本《なんぼん》　いりますか。(10点)

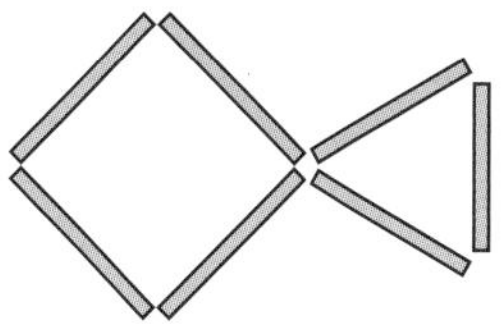

(しき)

答え〔　　　　　〕

6 ひごで，右のような　形を　5こ　つくったら，2本　のこりました。ひごは，何本　ありましたか。(10点)

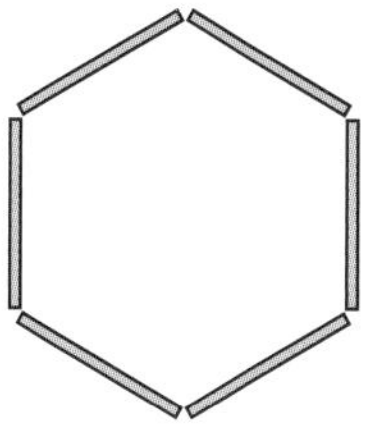

(しき)

答え〔　　　　　〕

7 1ふくろに　きゅうりが　7本ずつ　はいって　いる　ふくろが　8ふくろと，あと　4本の　きゅうりが　あります。きゅうりは，ぜんぶで　何本　ありますか。(10点)

(しき)

答え〔　　　　　〕

8 7円の　あめを　6こ　買《か》うのと，8円の　あめを　5こ　買うのとでは，どちらが　何円　高《たか》いですか。(10点)

(しき)

答え〔　　　　　〕を　買う　ほうが〔　　　　　〕高い。

月　日　答え ➡ べっさつ10ページ

14 かけ算の　きまり

学習のねらい

ここでは，かけ算九九の表を完成させ，その中にひそんでいる**かけ算のきまり（交換法則，分配法則）**等に気付かせていくことをねらいとしています。

STEP 1 ステップ1

1 下の　ひょうで　あいて　いる　ところに　答《こた》えを　書《か》きましょう。

かける数《かず》 ／ かけられる数		1	2	3	4	5	6	7	8	9
1のだん	1								8	
2のだん	2		4							
3のだん	3									
4のだん	4			12						
5のだん	5						30			
6のだん	6									
7のだん	7								56	
8のだん	8		16							
9のだん	9					45				

たいせつ **2** □に　あてはまる　数を　書《か》きましょう。

(1) 4×8=8×□　　　(2) 4×□=1×4

(3) □×6=6×5　　　(4) 1×2=2×□

(5) 7×9=□×7　　　(6) 8×3=□×8

(7) 2×9 は，2×8 より □ 大きい。

(8) 5×□は，5×3 より　5　大きい。

(9) 4×8=4×7+□　　　(10) 6×□=6×5+6

(11) 6×9=6×□+6　　　(12) 3×5=3×4+□

3 4×11 の，計算《けいさん》を　考《かんが》えます。□に　あてはまる　数を　書きましょう。

4×9　=□

　　□ふえる

4×10=□

　　□ふえる

4×11=□

月　日　答え ➡ べっさつ10ページ

STEP 2

ステップ 2

時間 20分
合かく 80点
とく点　　点

シール

1 答《こた》えが　つぎの　数《かず》に　なる　九九《くく》を　ぜんぶ　書《か》きましょう。

（28点《てん》/1つ7点）

(1) 12　［　　　　］

(2) 9　［　　　　］

(3) 36　［　　　　］

(4) 49　［　　　　］

たいせつ **2** れいのように，□に　あてはまる　数を　書きましょう。

（36点/1つ9点）

（れい）
1×2=2
9×2=18
→ 10×2=20

(1)
7×5=35
3×5=15
→ □×5=50

(2)
8×7=56
4×7=28
→ □×7=84

(3)
6×4=24
6×6=36
→ 6×□=60

(4)
9×2=18
9×8=72
→ 9×□=90

3 かけ算《ざん》九九の　答えの　一のくらいの　数字《すうじ》を，じゅんに　線《せん》で　むすびましょう。（36点/1つ4点）

(1) 1のだん

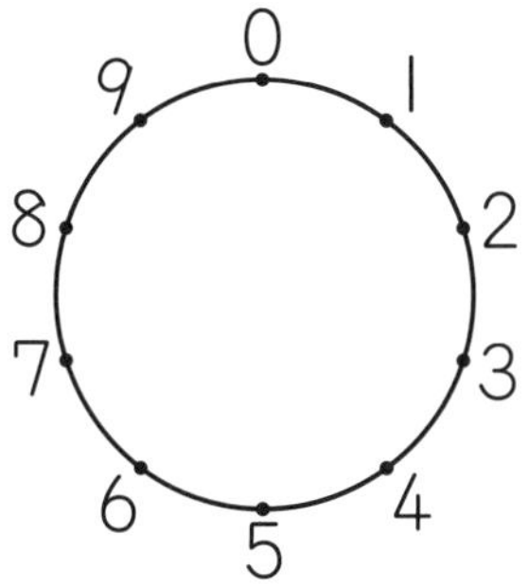

(2) 2のだん

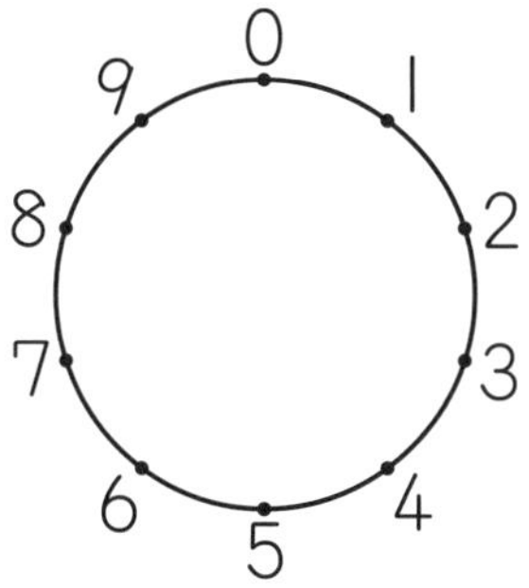

(3) 3のだん

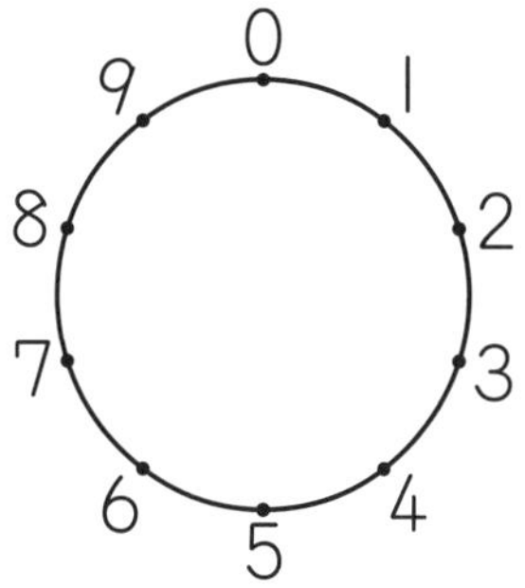

(4) 4のだん

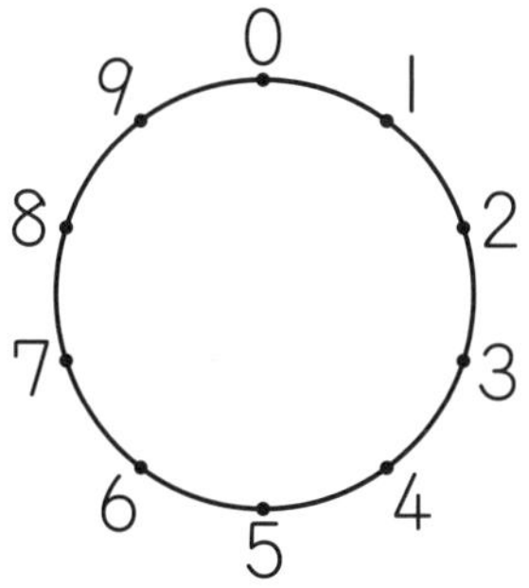

(5) 5のだん

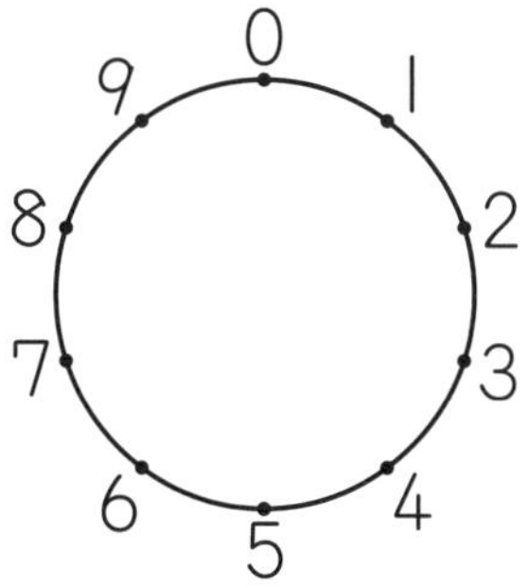

(6) 6のだん

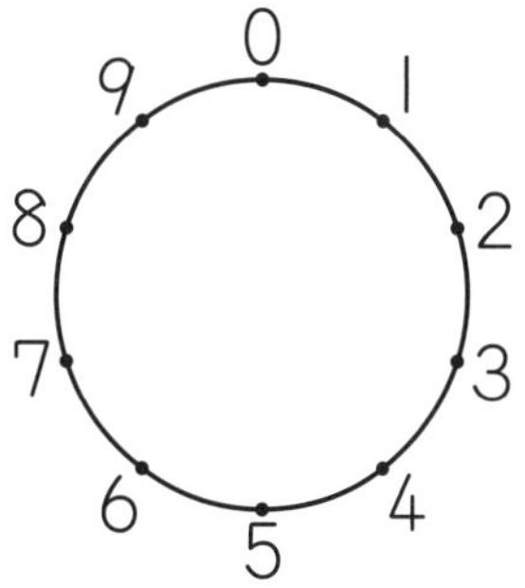

(7) 7のだん

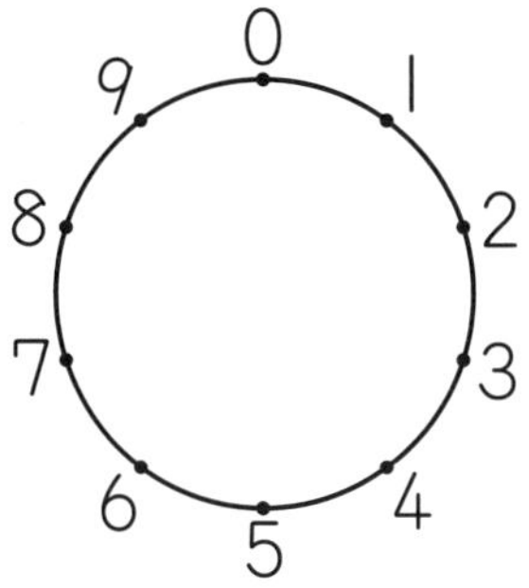

(8) 8のだん

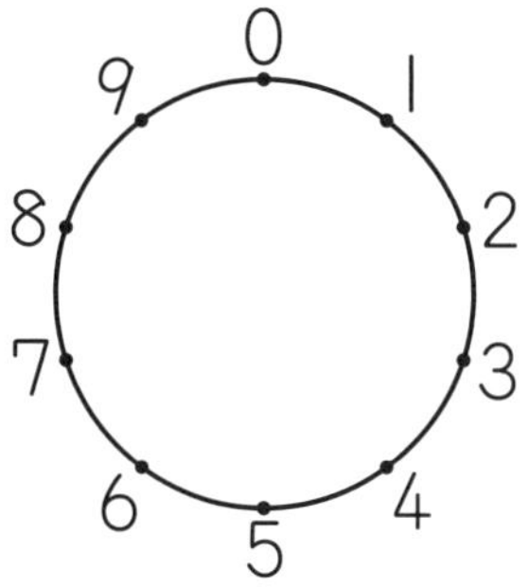

(9) 9のだん

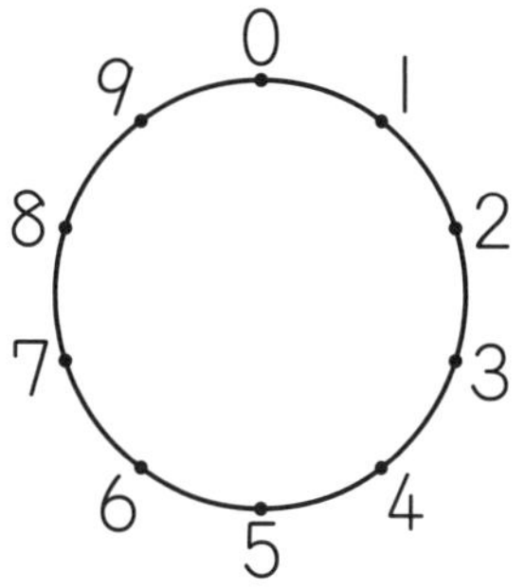

STEP 3　11 ～ 14

ステップ 3

月　日　答え ➡ べっさつ11ページ

時間 20分　合かく 80点　とく点　点　シール

1 つぎの　かけ算《ざん》を　しましょう。(30点《てん》/1つ2点)

(1) 9×7　(2) 6×5　(3) 7×4

(4) 6×4　(5) 1×9　(6) 3×7

(7) 2×4　(8) 7×7　(9) 5×4

(10) 4×9　(11) 8×1　(12) 8×7

(13) 7×6　(14) 9×8　(15) 9×4

2 □に　あてはまる　数《かず》を　書《か》きましょう。(30点/1つ3点)

(1) 3×□=18　(2) 8×□=32

(3) □×7=35　(4) □×9=18

(5) 5×4=□×5　(6) 9×8=8×□

(7) 9×2=3×□　(8) 4×3=6×□

(9) 3×8=□×6　(10) 6×6=□×4

3 3人　すわれる　こしかけが　6きゃくと，2人《ふたり》　すわれる　こしかけが　8きゃく　あります。あわせて　何人《なんにん》　すわれますか。(6点)

(しき)

答《こた》え［　　　　　］

たいせつ **4** あつさ　7mmの　いたを　7まい　かさねた　ときは，5まい　かさねた　ときより，何mm　あつく　なりますか。(7点)

(しき)

答え［　　　　　］

5 いすが　4きゃくずつ，9れつに　ならんで　います。そのいすに，30人の　人が　すわります。いすは，何きゃく　ありますか。(7点)

(しき)

答え［　　　　　］

6 ●の　数を　もとめます。図《ず》に　あう　考《かんが》えかたを　しきに　あらわしましょう。(20点/1つ10点)

(もとめかた①)

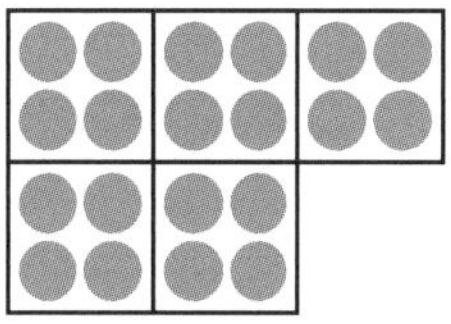

しき［　　　　　　　　　　］

(もとめかた②)

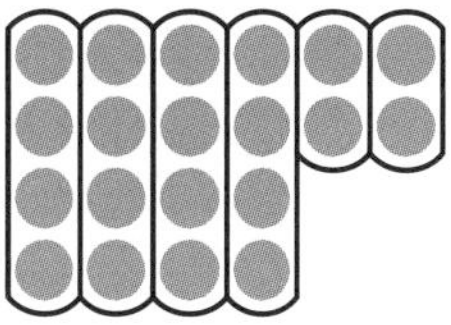

しき［　　　　　　　　　　］

答え［　　　　　］

15 (　)の　ある　しき

学習のねらい

式は，左から右に順序よく計算することが原則です。しかし，**ある部分を先に計算したり，1つのかたまりとして考えたりすること**があります。その場合に，(　)が使われます。

ステップ 1

たいせつ **1** 青，黄《き》，赤の　おはじきが　あります。れいのように，おはじきの　数《かず》の　もとめかたを　(　)を　つかった　しきに　して　あらわしましょう。

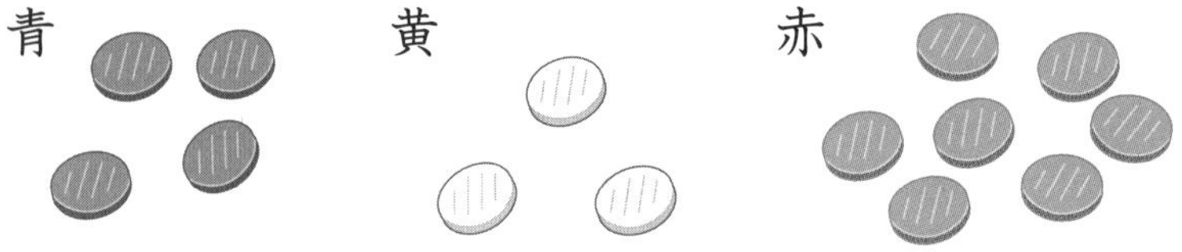

(れい) 青と　赤を　あわせた　数に，黄を　たして　もとめます。

(4+7)+3=14

(1) 青と　黄を　あわせた　数に，赤を　たして　もとめましょう。

〔　　　　　　　　　　　　　　　〕

(2) 青に，黄と　赤を　あわせた　数を　たして　もとめましょう。

〔　　　　　　　　　　　　　　　〕

2 よし子さんの　家《いえ》に，たまごが　8こ　ありました。きのう　3こ，今日《きょう》　2こ　食《た》べました。あと，何《なん》こ　のこって　いますか。

(1) 食べた　たまごを，じゅんに　ひいて　いきましょう。

（しき）

答《こた》え〔　　　　　〕

(2) 食べた　たまごを，あわせてから　ひきましょう。

（しき）

答え〔　　　　　〕

たいせつ **3** れいのように，（　）の　中を　先《さき》に　計算《けいさん》して，答えを　もとめましょう。

（れい）　$13+(11+9)=13+20=33$

(1) $54+(19+7)$

(2) $27-(8+5)$

(3) $38-(14+17)$

(4) $43-(39-17)$

(5) $60-(21-15)$

(6) $56+(15-8)$

(7) $81+(36-29)$

(8) $50-(25+5)$

月　日　答え ➡ べっさつ11ページ

ステップ 2

時間 20分
合かく 80点

とく点　　点

シール

1 つぎの 計算《けいさん》を しましょう。(40点《てん》/1つ4点)

(1) 42+(16+4)

(2) 18+(21+19)

(3) 41−(13+17)

(4) 56−(18+32)

(5) 37+(15−8)

(6) 41−(23−18)

(7) 34−16+15

(8) 50−13−15

(9) 25−18+3

(10) 21+13−9

たいせつ **2** 下の 左の しきと 右の しきで, 答《こた》えが 同《おな》じに なる ものを 線《せん》で むすびましょう。(25点/1つ5点)

㋐ 23+(9+3) ・	・ ㋕ 23−9+3
㋑ 18−(4+3) ・	・ ㋖ 17−4+3
㋒ 23−(9−3) ・	・ ㋗ 23+9+3
㋓ 23+(9−3) ・	・ ㋘ 18−4−3
㋔ 17−(4−3) ・	・ ㋙ 23+9−3

3 つぎの　もんだいを，（　）の　ある　しきに　書《か》いて，答えも　もとめましょう。（20点/1つ10点）

(1) さおりさんは，おり紙《がみ》を　24まい　もって　います。あきらさんに　8まい，みつおさんに　7まい　あげました。今《いま》，何《なん》まい　のこって　いますか。

（しき）

答え［　　　　　］

(2) さち子さんは，えんぴつを　22本　もって　います。お兄《にい》さんから　8本，お姉《ねえ》さんから　2本　もらいました。ぜんぶで，何本に　なりましたか。

（しき）

答え［　　　　　］

4 100−(50+30)の　しきに　なる　もんだいを　つくります。

(1) もんだいの　つづきを　つくりましょう。（10点）

50円

30円

（もんだい）

せいやさんは　100円　もって，買《か》いものに　行《い》きました。

(2) もんだいの　答えを　もとめましょう。（5点）

［　　　　　］

16 10000までの　数《かず》

学習のねらい

- 10000までの数について，数の表し方，数の大小，順序関係をとらえることができるようにします。
- 各位の集まりが10になると，1つ上の位になることを理解させます。

ステップ1

1 ぜんぶで　何《なん》まい　ありますか。

(1) 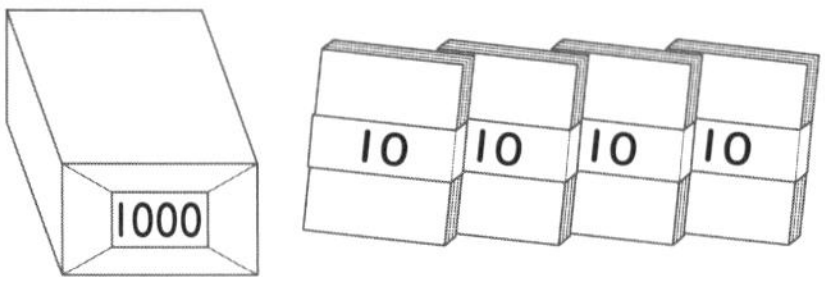

〔　　　　　　　〕

(2) 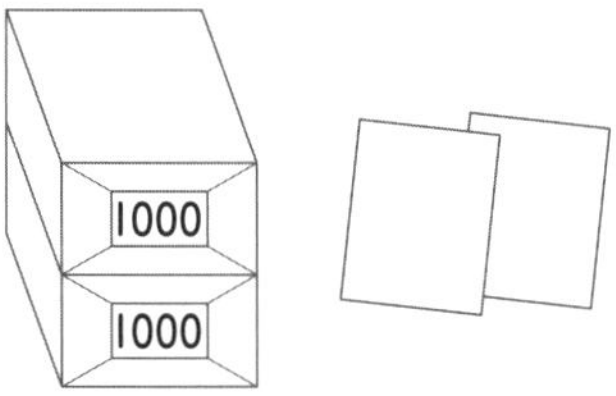

〔　　　　　　　〕

たいせつ **2** つぎの　数《かず》を　書《か》きましょう。

(1) 1000を　10こ　あつめた　数

〔　　　　　　　〕

(2) 1000を　3こと　100を　2こ　あわせた　数

〔　　　　　　　〕

(3) 5000より　10　小さい　数

〔　　　　　　　〕

(4) 1000を　6こと　10を　1こと　1を　7こ　あわせた　数

〔　　　　　　　〕

3 つぎの □に あてはまる 数を 書きましょう。

(1) 3600 ― □ ― 4000 ― 4200 ― □

(2) 2500 ― 3000 ― □ ― 4000 ― □

たいせつ **4** つぎの 2つの 数の うち，どちらが 大きいですか。□の
中に ＞，＜の きごうを 入れて 答《こた》えましょう。

(1) 4130 □ 3721　　(2) 8149 □ 8419

(3) 1201 □ 1199　　(4) 5120 □ 4999

5 つぎの もんだいに 答えましょう。

(1) 3912の 十のくらいの 数字《すうじ》は いくつですか。

〔　　　　〕

(2) 1083の 百のくらいの 数字は いくつですか。

〔　　　　〕

(3) 9035の 千のくらいの 数字は いくつですか。

〔　　　　〕

月　日　答え ➡ べっさつ12ページ

ステップ 2

時間 20分　合かく 80点　とく点　点　シール

1 数字《すうじ》で　書《か》きましょう。（12点《てん》/1つ3点）

(1) 三千八百

[　　　　]

(2) 五千二十

[　　　　]

(3) 七千一

[　　　　]

(4) 一万

[　　　　]

たいせつ **2** □に　あてはまる　数《かず》を　書きましょう。（12点/1つ4点）

(1) □ — 8150 — 8100 — 8050 — □ — 7950

(2) 2100 — □ — 1900 — 1800 — □ — 1600

(3)

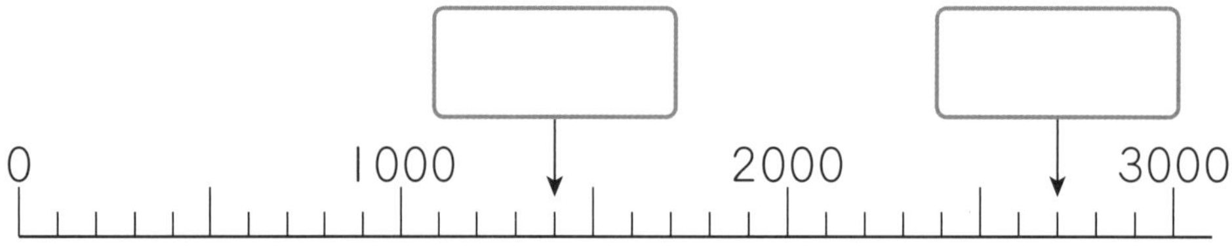

3 大きい　じゅんに　ならべましょう。（20点/1つ10点）

(1) 2580，2510，2507，2555

[　　→　　→　　→　　]

(2) 7576，7675，7657，7756

[　　→　　→　　→　　]

4 つぎの　数を　数字で　書きましょう。(16点/1つ4点)

(1) 7000より　50　大きい　数　[　　　　]

(2) 10000より　1　小さい　数　[　　　　]

(3) 1000を　4こと　100を　5こと　10を　1こと　1を
8こ　あわせた　数

[　　　　]

(4) 100を　37こ　あつめた　数

[　　　　]

5 つぎの　計算《けいさん》を　しましょう。(30点/1つ5点)

(1) 500+600　　(2) 900+300

(3) 800+700　　(4) 900−700

(5) 1000−500　　(6) 1300−600

6 画用紙《がようし》が　1000まい　ありました。100まい　つかいました。
のこりは　何《なん》まいですか。(10点)

(しき)

答《こた》え [　　　　]

17 分数《ぶんすう》

学習のねらい

- ✓ $\frac{1}{2}$や$\frac{1}{4}$などの**簡単な分数の意味や表し方**について学習します。
- ✓ 折り紙やテープなどの**具体物を等分した大きさを分数で表せる**ようにします。

ステップ 1

たいせつ **1** □に　あてはまる　数《かず》を　書《か》きましょう。

(1) 同《おな》じ　大きさに　2つに　分《わ》けた　1つ分《ぶん》を　もとの　大きさの　二《に》分《ぶん》の一《いち》と　いい，

□と　書きます。

(2) 同じ　大きさに　4つに　分けた　1つ分を　もとの　大きさの　四《よん》分《ぶん》の一《いち》と　いい，

□と　書きます。

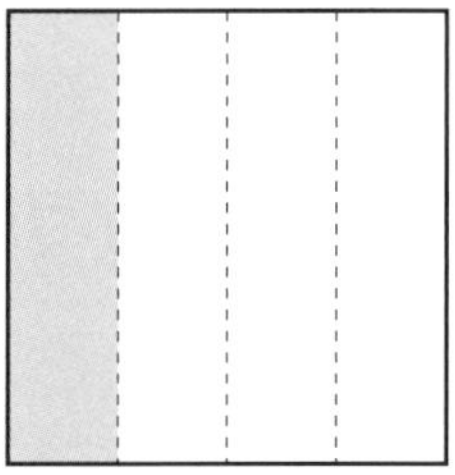

(3) $\frac{1}{2}$の　□つ分は　もとの　大きさに　なります。

(4) $\frac{1}{4}$の　□つ分は　もとの　大きさに　なります。

2 $\frac{1}{4}$の　大きさだけ　色《いろ》を　ぬりましょう。

(1)

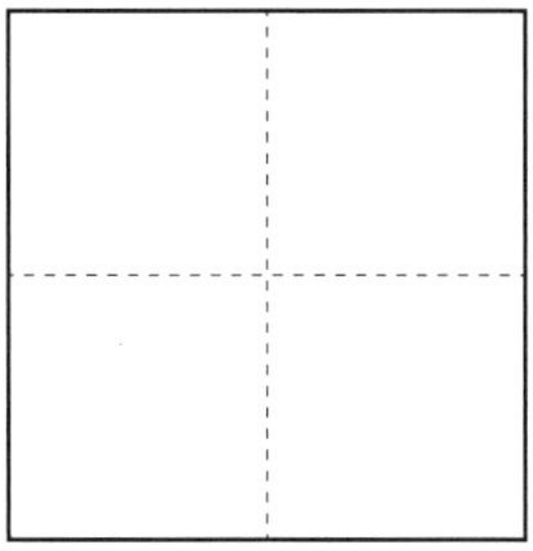

(2)

(3)

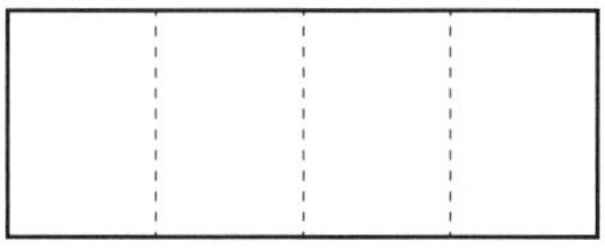

(4)

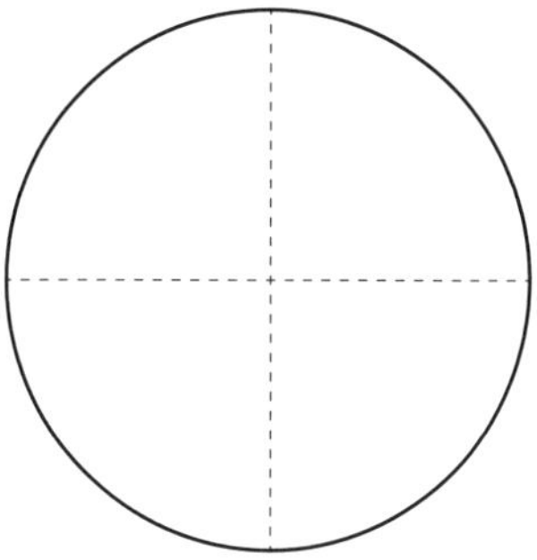

3 $\frac{1}{8}$の　大きさだけ　色を　ぬりましょう。

(1)

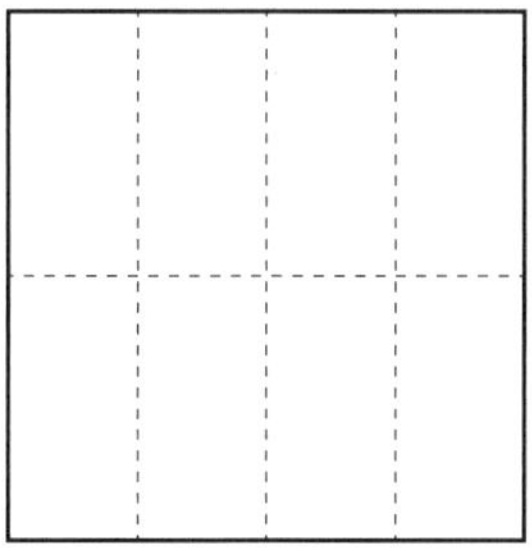

(2)

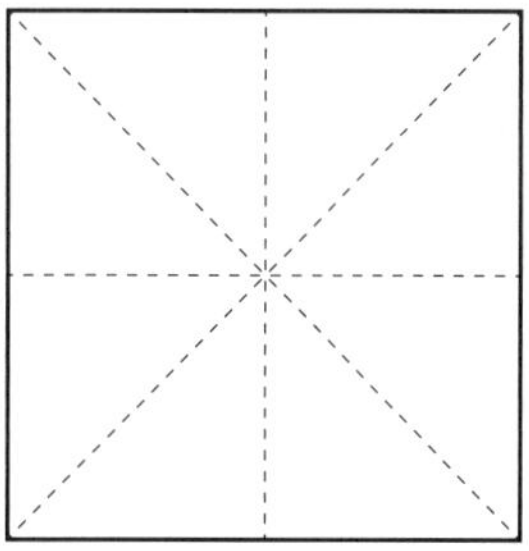

(3)

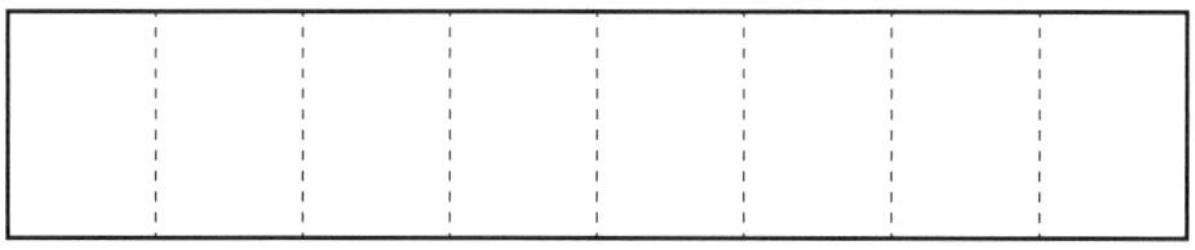

(4)

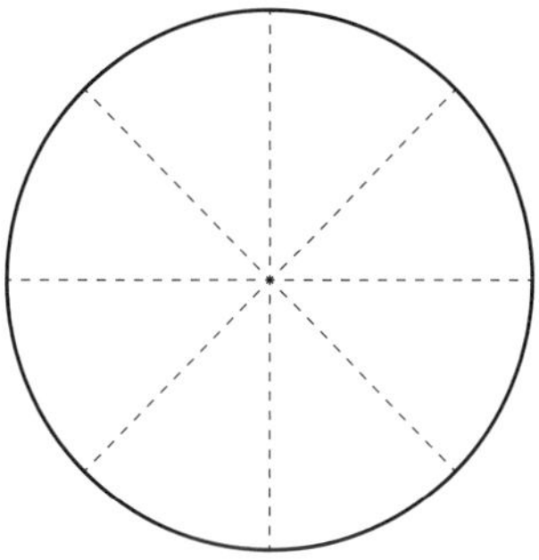

月　日　答え ➡ べっさつ12ページ

STEP 2

ステップ2

時間 20分
合かく 80点
とく点　　点
シール

たいせつ **1** 色《いろ》の　ついた　ところの　大きさは，もとの　大きさの　何分《なんぶん》の一ですか。分数《ぶんすう》で　書《か》きましょう。(63点《てん》/1つ9点)

(1)

［　　　］

(2)

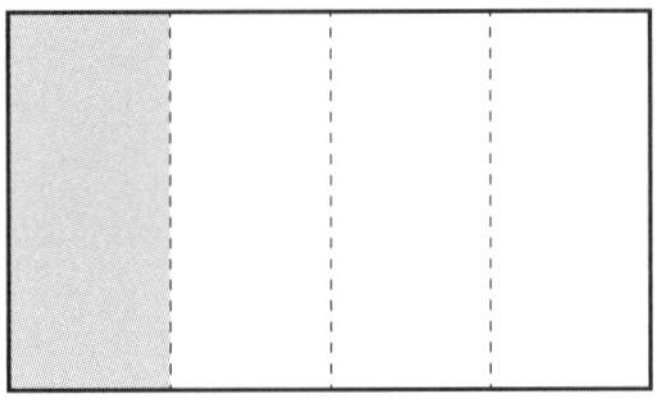

［　　　］

(3)

［　　　］

(4)

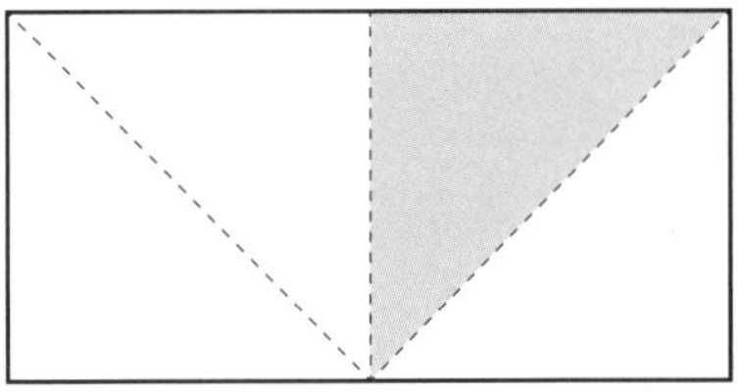

［　　　］

(5)

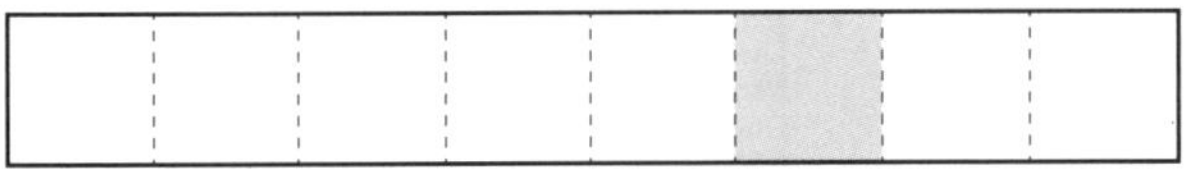

［　　　］

(6)

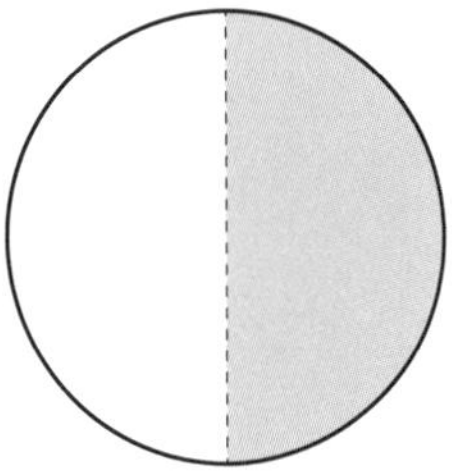

［　　　］

(7)

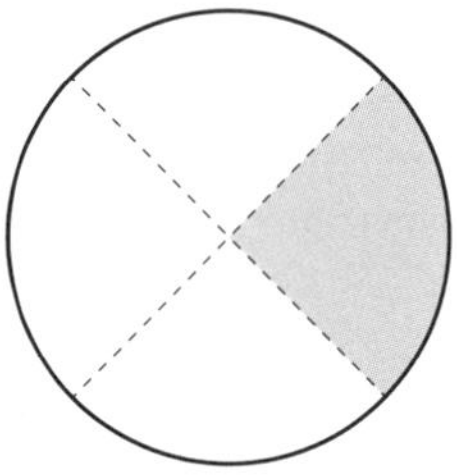

［　　　］

2 下の　図《ず》を　見て，□に　あてはまる　分数を　書きましょう。

（27点/1つ9点）

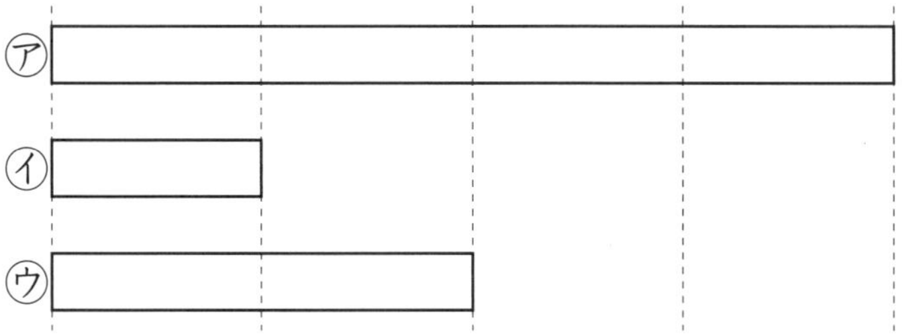

(1) ㋑は　㋐を　4つに　分《わ》けた　1つ分だから，

㋑の　長《なが》さは　㋐の　長さの　□　です。

(2) ㋒の　長さは　㋐の　長さの　□　です。

(3) ㋑の　長さは　㋒の　長さの　□　です。

3 色の　ついた　ところは　もとの　大きさの　$\frac{1}{4}$と　いえますか。あてはまる　ほうに　○を　つけましょう。その　りゆうも　書きましょう。（10点）

［ いえる　・　いえない ］

（りゆう）＿＿＿＿＿＿＿＿＿＿＿＿＿＿＿＿＿＿＿＿

＿＿＿＿＿＿＿＿＿＿＿＿＿＿＿＿＿＿＿＿

＿＿＿＿＿＿＿＿＿＿＿＿＿＿＿＿＿＿＿＿

＿＿＿＿＿＿＿＿＿＿＿＿＿＿＿＿＿＿＿＿

STEP 3 15 ~ 17

ステップ 3

月　　日 答え ➡ べっさつ13ページ

時間 20分

合かく 80点

とく点　　点

シール

1 つぎの　計算《けいさん》を　しましょう。（24点《てん》/1つ6点）

(1) $17-(6+5)$

(2) $70-(49-18)$

(3) $48+(51-27)$

(4) $(53-17)+(79-35)$

2 80ページ　ある　本を　読《よ》みます。きのう　26ページ　読みました。今日《きょう》　14ページ　読みました。あと，何《なん》ページ　のこって　いますか。（20点/1つ10点）

(1) 読んだ　ページ数《すう》を，じゅんに　ひく　考《かんが》えかたで　1つの　しきに　あらわして　もとめましょう。

（しき）

答《こた》え〔　　　　　〕

(2) 読んだ　ページ数を，あわせてから　ひく　考えかたで　1つの　しきに　あらわして　もとめましょう。

（しき）

答え〔　　　　　〕

3 □に　あてはまる　数《かず》を　書《か》きましょう。(16点/1つ4点)

(1) 1000を　6こと　100を　2こと　1を　8こ　あわせた　数は　□です。

(2) 1000を　8こと　1を　3こ　あわせた　数は　□です。

(3) 3700は　100を　□こ　あつめた　数です。

(4) 100を　71こ　あつめた　数は　□です。

4 □に　あてはまる　数を　書きましょう。(32点/1つ8点)

(1)

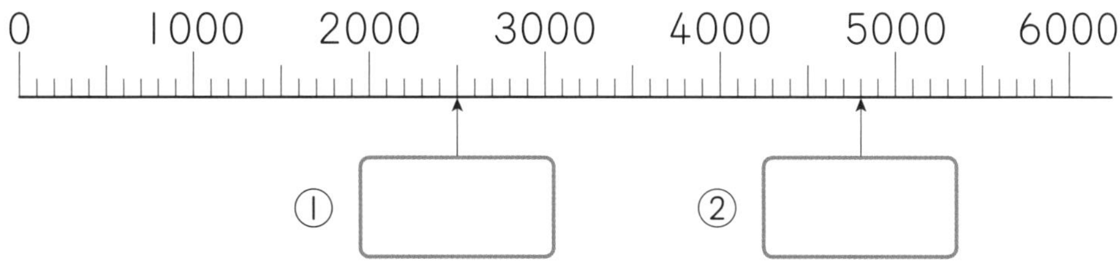

(2)

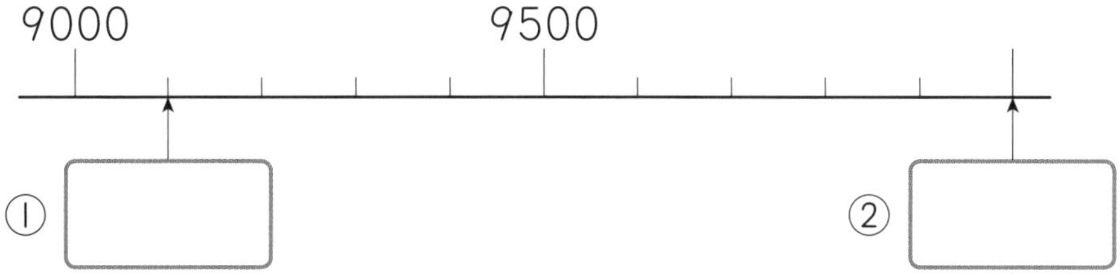

たいせつ **5** 右の　図《ず》で　色《いろ》の　ついた　ところの　大きさは，もとの　大きさの　何分《なんぶん》の一ですか。分数《ぶんすう》で　書きましょう。(8点)

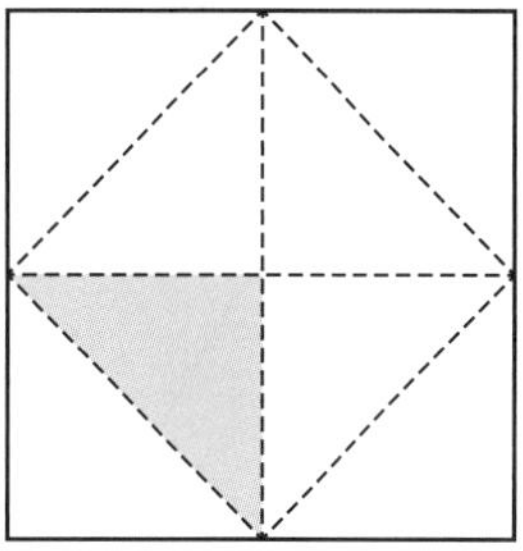

〔　　　　〕

18 三角形《さんかくけい》と　四角形《しかくけい》

学習のねらい

ここでは，**直線の本数を観点として**，三角形や四角形を理解させるようにします。いろいろな図形の中から，直線の本数と囲まれているか，囲まれていないかによって，三角形や四角形をみつけられるようにします。

STEP 1 ステップ1

1 □に　ことばや　数《かず》を　書《か》きましょう。

(1) まっすぐな　線《せん》を　□　と　いいます。

(2) □本の　直線《ちょくせん》で　かこまれた　形《かたち》を　三角形《さんかくけい》と　いいます。

(3) 四角形《しかくけい》には　４本の　□　と　４つの　かどが　あります。

(4) 三角形や　四角形の　かどの　点《てん》を　□　と　いい　まわりの　直線を　□　と　いいます。

たいせつ **2** 下の　中から　三角形を　えらびましょう。

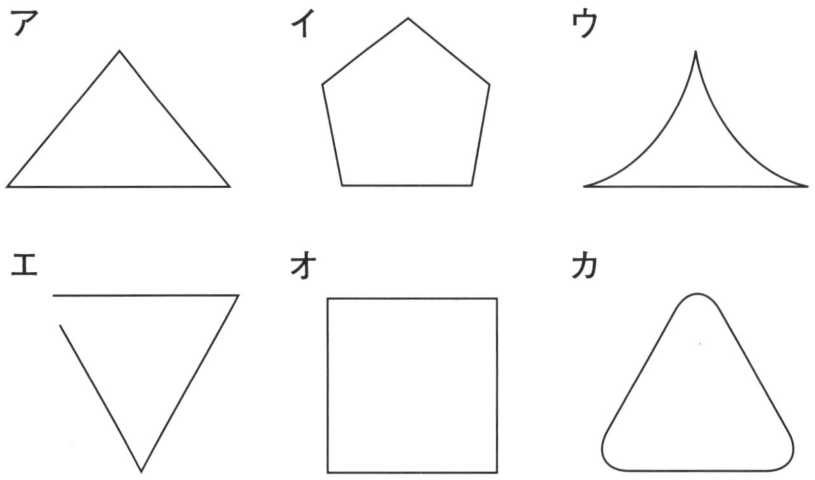

［　　　　　　］

たいせつ **3** 下の　中から　四角形を　えらびましょう。

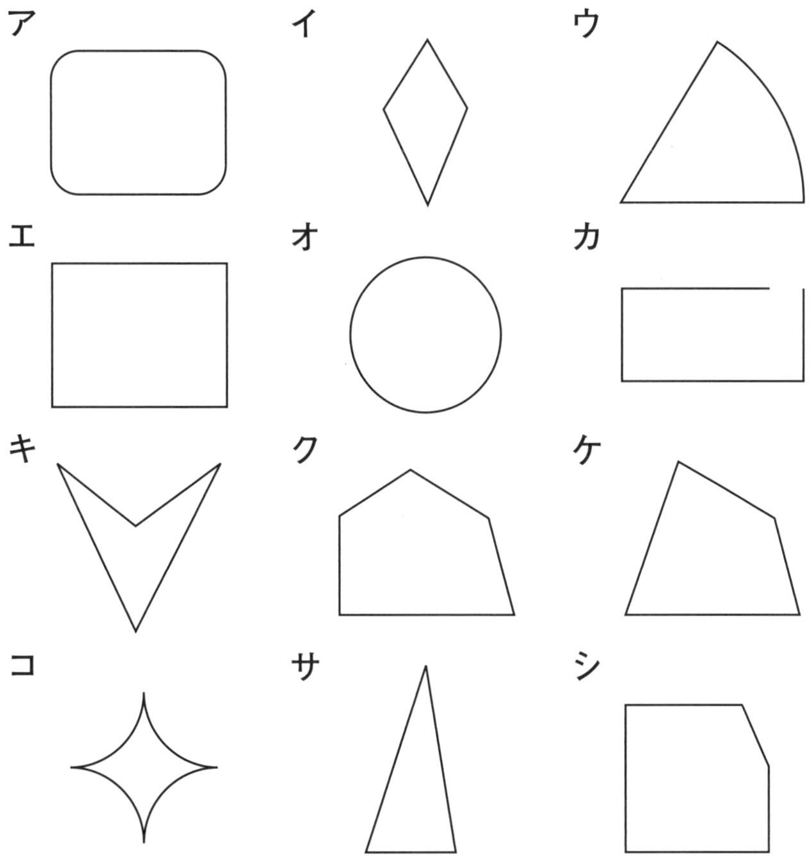

［　　　　　　　　］

4 つぎの　形に　直線を　１本　かいて　三角形や　四角形を　つくりましょう。

(1) 三角形を　２つ

(2) 四角形を　２つ

月　　日　答え ➡ べっさつ13ページ

ステップ 2

時間 20分
合かく 80点

とく点　　点

シール

1 形《かたち》の　名前《なまえ》を　書《か》きましょう。(12点《てん》/1つ6点)

(1)

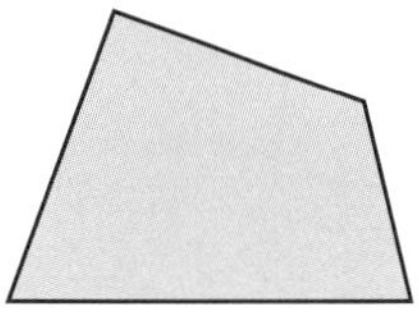

〔　　　　〕

(2)

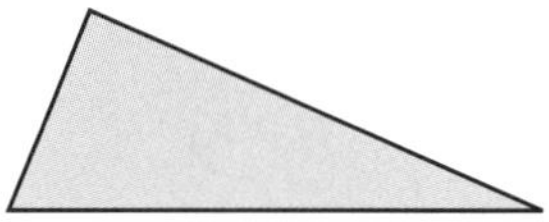

〔　　　　〕

たいせつ 2 下の　形は　ちょう点や　へんが　いくつ　あるでしょうか。あいて　いる　ところに　数《かず》を　書きましょう。(24点/1つ2点)

(1)

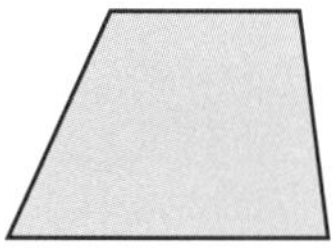

(2)

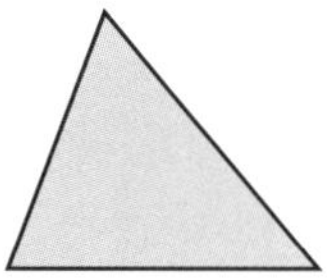

(3)

ちょう点	(1)	(2)	(3)
へん	(1)	(2)	(3)

(4)

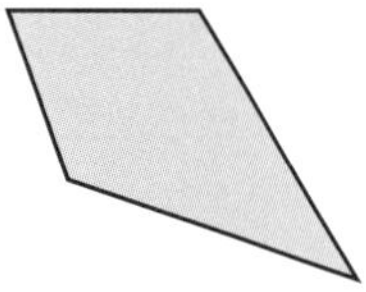

(5)

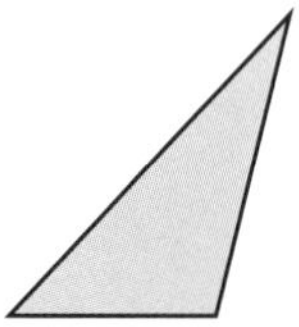

(6)

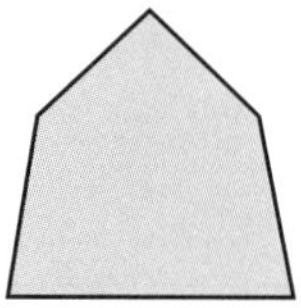

ちょう点	(4)	(5)	(6)
へん	(4)	(5)	(6)

3 直線《ちょくせん》を　1本　かいて，つぎの　形を　つくりましょう。

(32点/1つ8点)

(1)

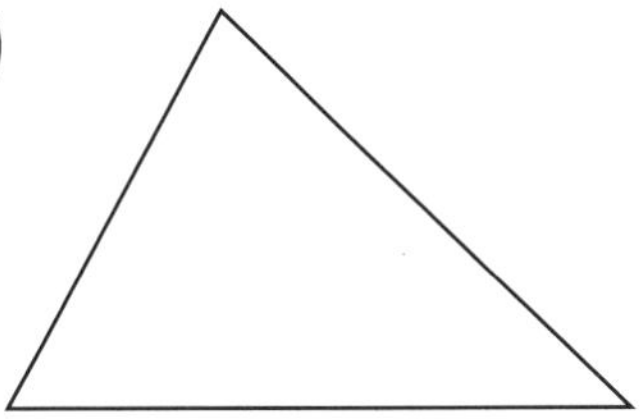

三角形《さんかくけい》を　2つ

(2)

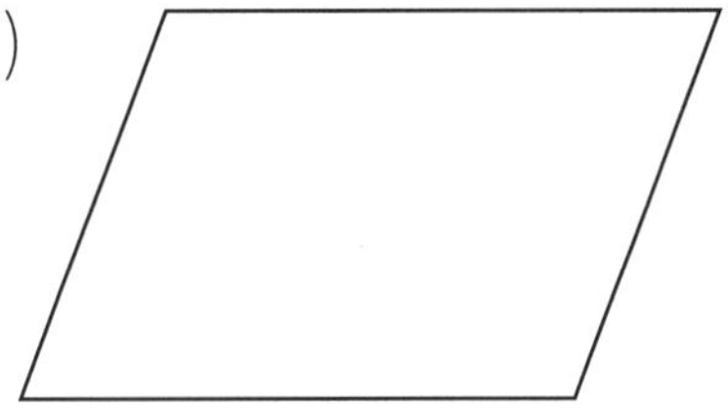

三角形と　四角形《しかくけい》

(3)

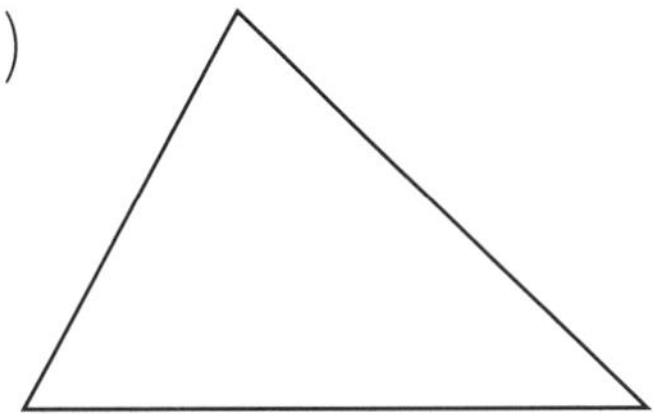

三角形と　四角形

(4)

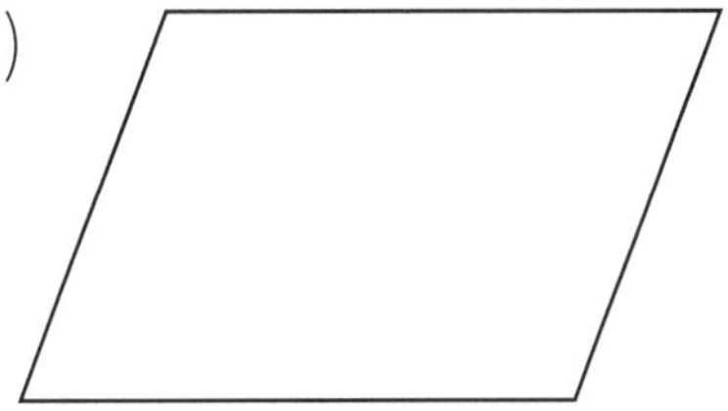

四角形を　2つ

4 おり紙《がみ》を　つぎのように　2つに　おって，太《ふと》い　線の　ところで　切《き》って　ひらくと，切った　ところは　三角形と　四角形の　どちらが　できますか。(20点/1つ10点)

(1)

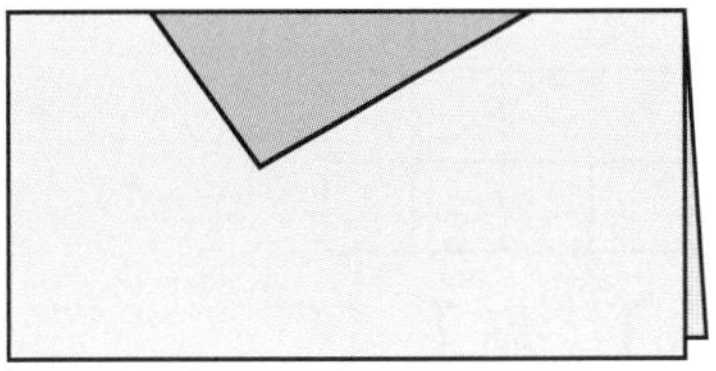

〔　　　　〕

(2)

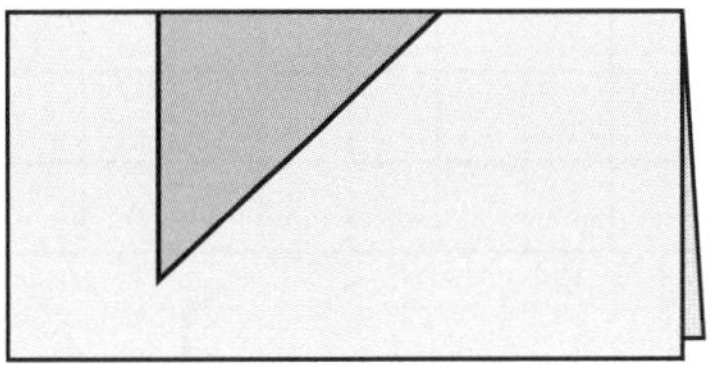

〔　　　　〕

5 下の　形の　中には，三角形は　ぜんぶで　いくつ　ありますか。(12点)

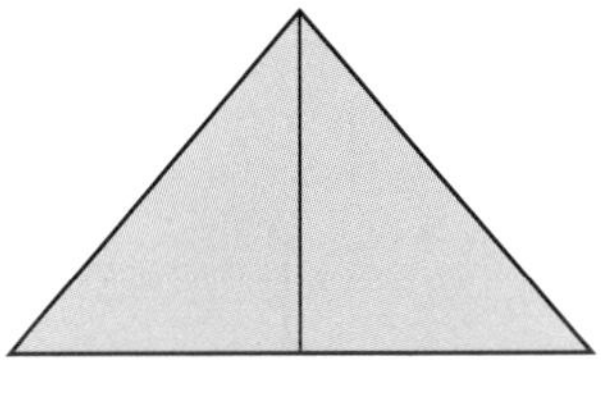

〔　　　　〕

月　　日

答え ➡ べっさつ13ページ

19 長方形《ちょうほうけい》と　正方形《せいほうけい》

学習のねらい

- ✓直角と辺の長さに着目して，**正方形と長方形**について理解させていきます。
- ✓**直角三角形**は，正方形や長方形を対角線で2つに分けることによってできる形であることを理解させていきます。

ステップ 1

1 三角《さんかく》じょうぎを　つかって，直角《ちょっかく》を　見つけましょう。

ア　　イ　　ウ

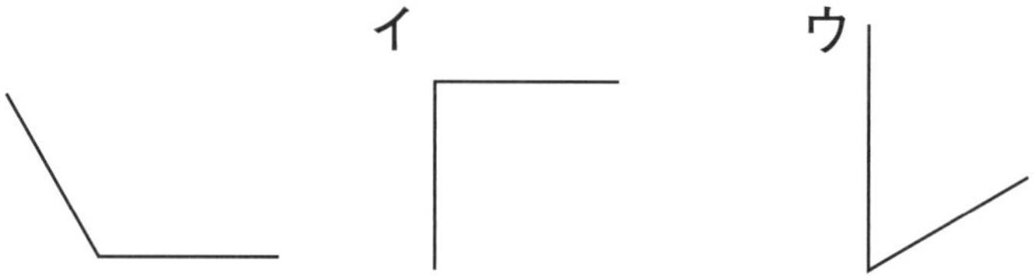

〔　　　　〕

たいせつ **2** つぎの　三角形《さんかくけい》や　四角形《しかくけい》の　名前《なまえ》を　書《か》きましょう。

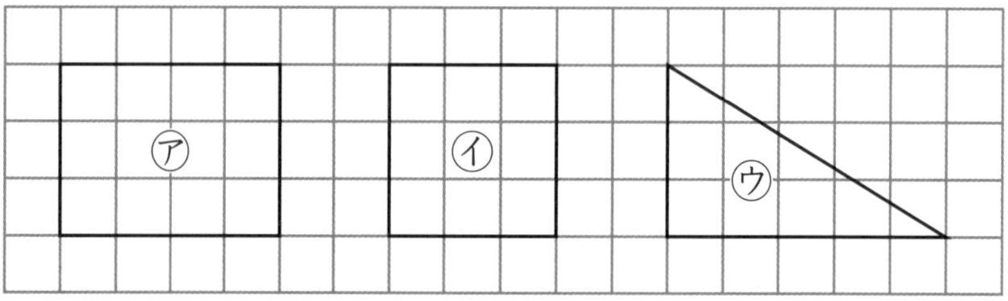

㋐〔　　　　〕　㋑〔　　　　〕　㋒〔　　　　〕

3 正方形《せいほうけい》や　長方形《ちょうほうけい》を，下の　図《ず》のように　半分《はんぶん》に　切《き》ります。
どんな　形《かたち》が　できますか。

(1)

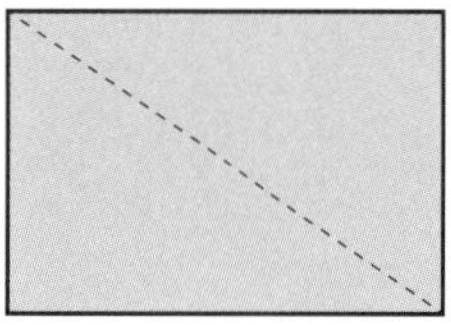

〔　　　　〕

(2)

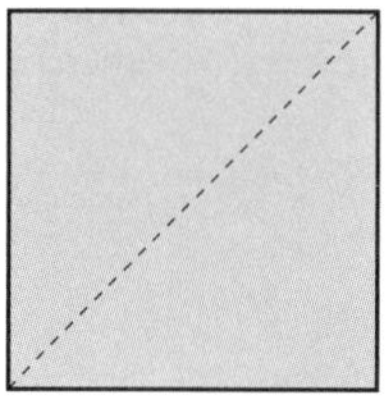

〔　　　　〕

4 右のような　長方形の　ア，イの　へんの　長《なが》さは　何《なん》cmですか。

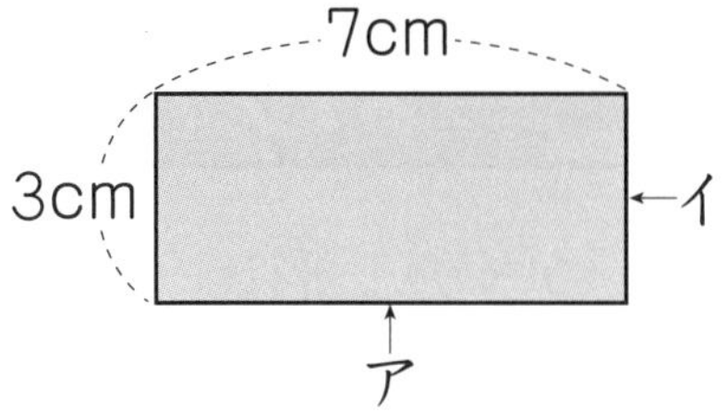

ア〔　　　　　〕　イ〔　　　　　〕

5 直角三角形を　ぜんぶ　見つけましょう。

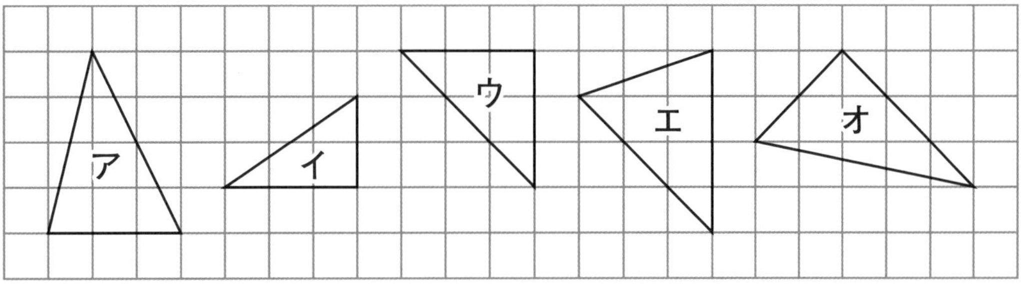

〔　　　　　〕

6 点《てん》と　点を　直線《ちょくせん》で　むすんで，長方形と　正方形と　直角三角形を　かきましょう。

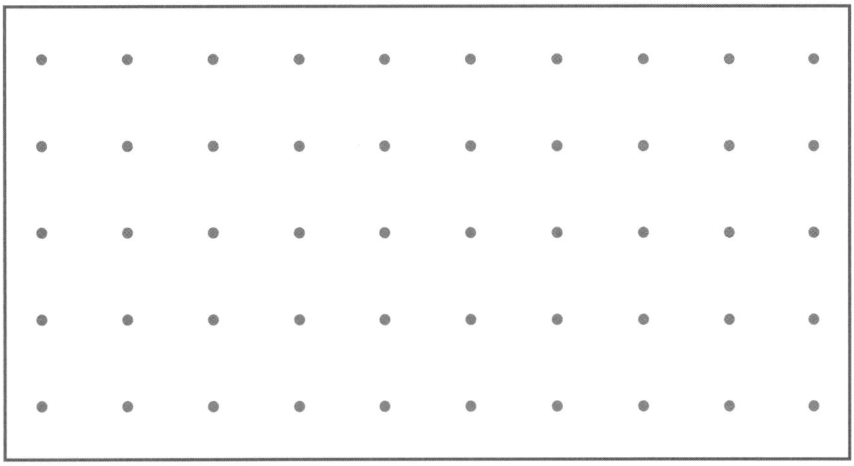

月　　日　答え ➡ べっさつ14ページ

シール

STEP 2

ステップ 2

時間 20分
合かく 80点
とく点　　点

1 つぎの　形《かたち》は，何《なん》と　いう　形ですか。(15点《てん》/1つ5点)

(1) 4つの　かどが　ぜんぶ　直角《ちょっかく》の　四角形《しかくけい》

〔　　　　〕

(2) 4つの　かどが　ぜんぶ　直角で，どの　へんの　長《なが》さも　すべて　同《おな》じ　四角形

〔　　　　〕

(3) 直角の　かどが　ある　三角形《さんかくけい》

〔　　　　〕

2 正方形《せいほうけい》を　ぜんぶ　見つけましょう。また，正方形で　ないものは，その　りゆうを　書《か》きましょう。(20点)

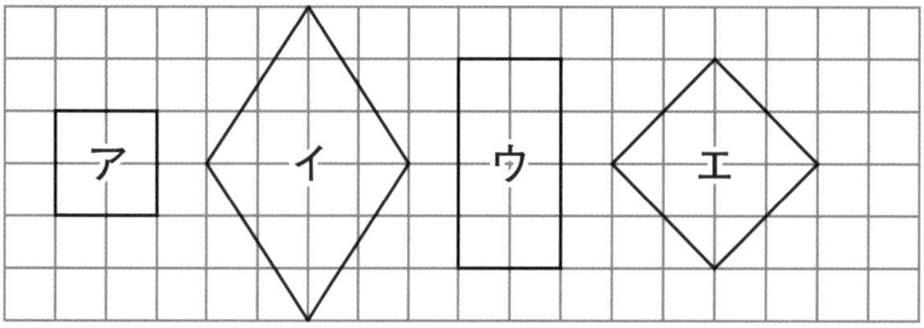

〔　　　　〕

(りゆう)＿＿＿＿＿＿＿＿＿＿＿＿＿＿＿＿

＿＿＿＿＿＿＿＿＿＿＿＿＿＿＿＿

＿＿＿＿＿＿＿＿＿＿＿＿＿＿＿＿

3 右の　長方形《ちょうほうけい》の　まわりの　長さは　何cm　ですか。(15点)

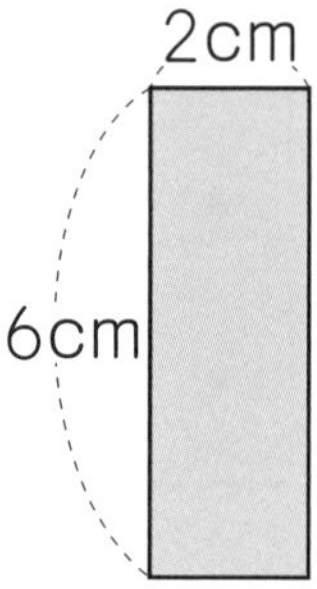

〔　　　　〕

たいせつ **4** へんの　長さが　つぎのような　形を　かきましょう。

(30点/1つ15点)

(1) 1ぺんが　4cmの　正方形

(2) 直角を　はさむ　へんが　5cmと　7cmの　直角三角形

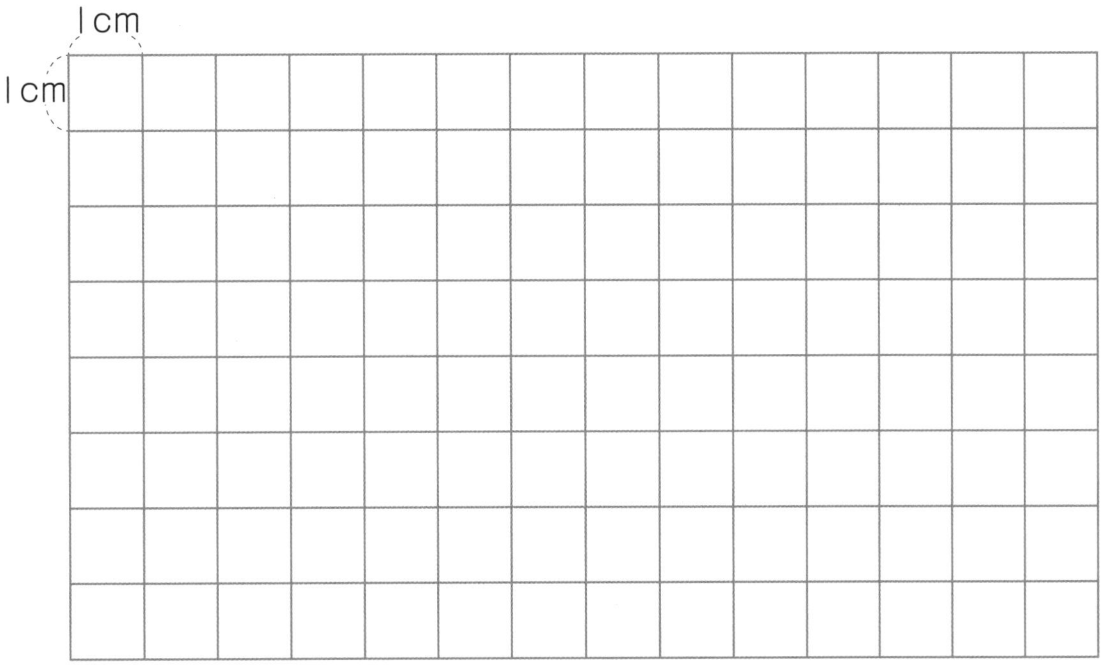

5 下の　形で，どれと　どれを　組《く》み合《あ》わせると，正方形が　できますか。また，長方形に　なるのは，どれと　どれですか。

(20点/1つ10点)

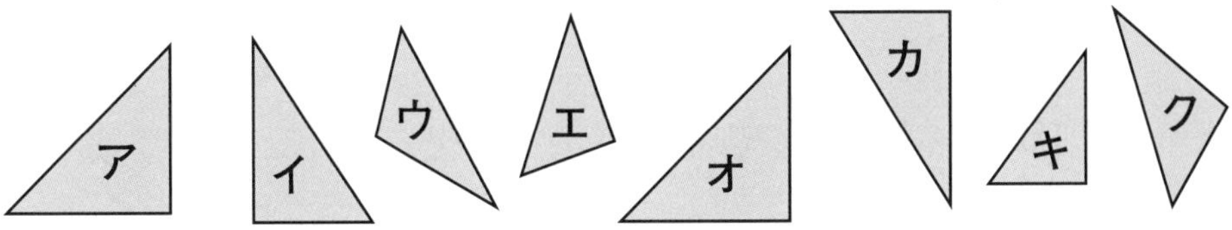

(1) 正方形　〔　　　　　　　　〕

(2) 長方形　〔　　　　　　　　〕

20 はこの　形《かたち》

学習の ねらい

✓立体図形と平面図形との関係について学習します。立体図形を紙（平面）の上にかき表す1つの方法として，**展開図**があります。**面や辺の関係**に十分注意させて，学習させましょう。

STEP 1 ステップ 1

1 下の　図《ず》の　☐の　中に，ちょう点《てん》，へん，面《めん》の　ことばを　書《か》きましょう。

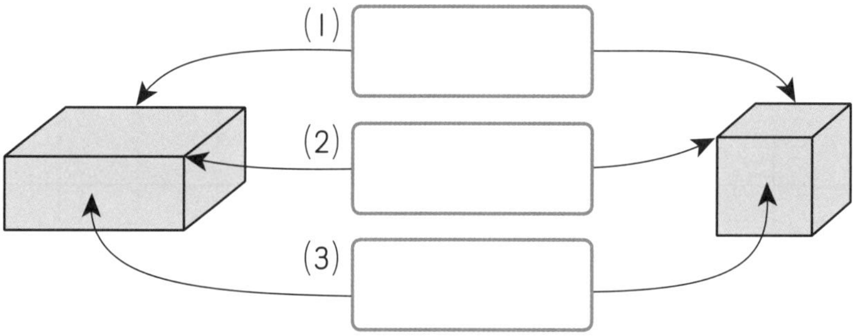

たいせつ **2** 工作用紙《こうさくようし》に，右のような　はこを　ひらいた　図を　かきました。

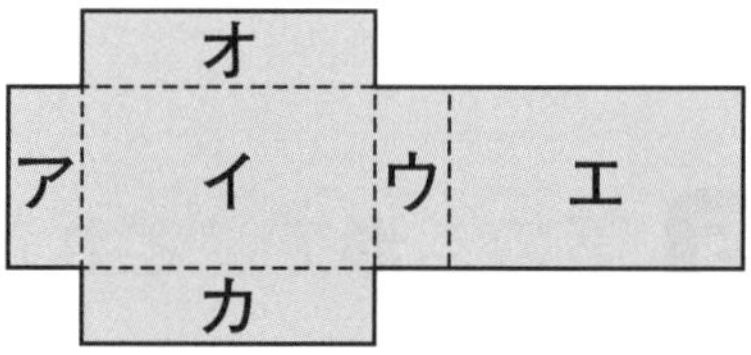

(1) **ア**，**イ**，**ウ**，**エ**などは，みんな　どんな　形《かたち》を　していますか。

〔　　　　　〕

(2) ひらいた　図を　組《く》み立てると，どんな　形に　なりますか。

〔　　　　　〕

(3) 組み立てた　とき，つぎの　面と　むかいあう　面は　どれですか。

ア〔　　　　　〕　**イ**〔　　　　　〕　**オ**〔　　　　　〕

3 右のような　形を　した　はこが　あります。これを　切《き》りひらくと，下の　どれに　なりますか。

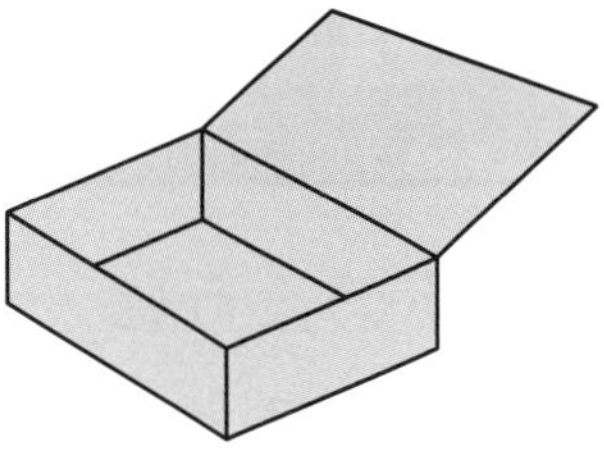

ア

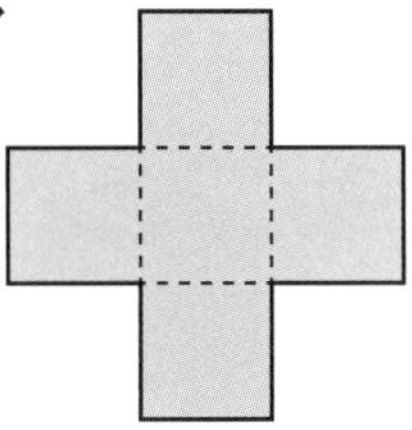

イ

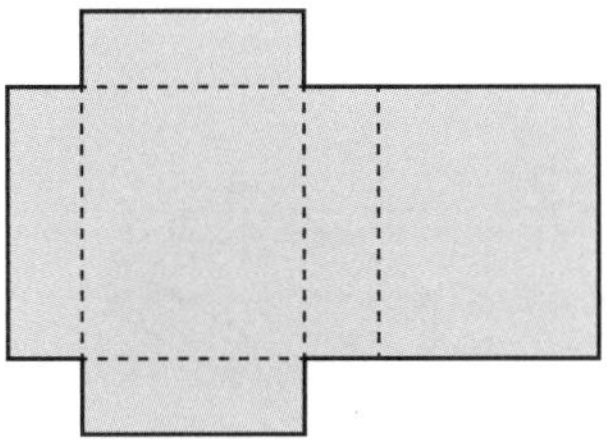

ウ

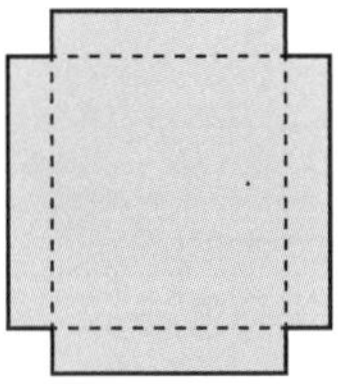

エ

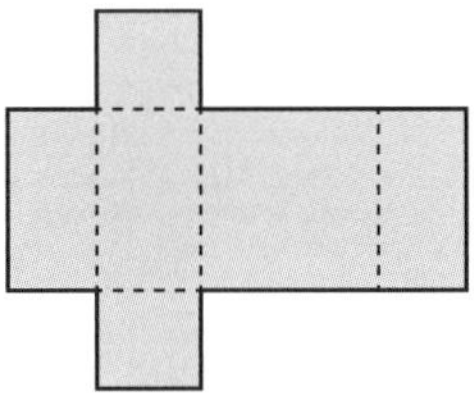

〔　　　　〕

たいせつ **4** ひごと　ねん土玉を　つかって，右のような　さいころの　形を　つくりました。

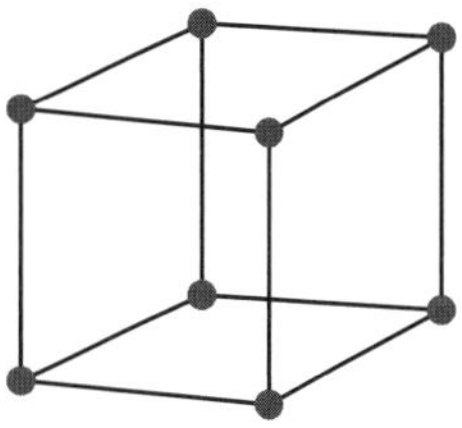

(1) ねん土玉は　いくつ　いりますか。

〔　　　　〕

(2) ひごは　何本《なんぼん》　いりますか。

〔　　　　〕

(3) ひごの　長《なが》さは　どうなって　いますか。

〔　　　　　　　　〕

月　　日　答え ➡ べっさつ14ページ

STEP 2

ステップ 2

時間 20分
合かく 80点

とく点
点

シール

1 下のように，ふたの　ない　はこの　形《かたち》や，さいころの　形を　つくろうと　思《おも》います。[　　]の　中の　どの　図《ず》で　できますか。（30点《てん》／1つ10点）

(1)

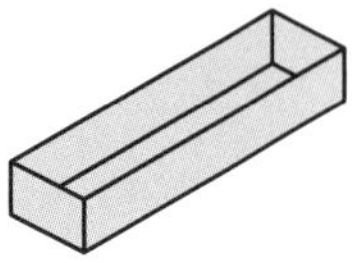

〔　　　　〕

(2)

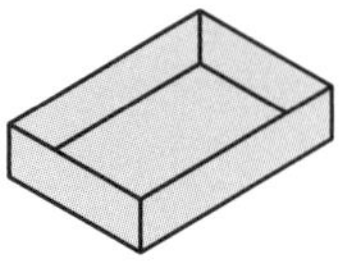

〔　　　　〕

(3)

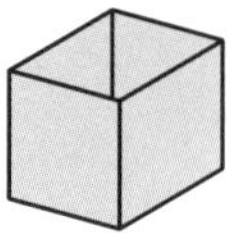

〔　　　　〕

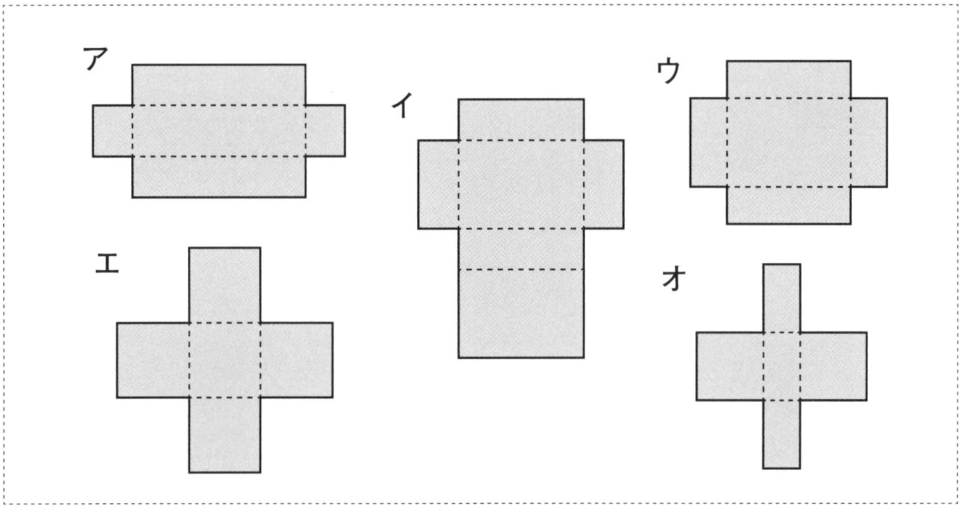

たいせつ

2 よこが　8cmで，たてが　12cm，ふかさが　2cmの　ふたの　ない　はこを　つくります。右の　ひらいた　図で，㋐，㋑，㋒，㋓の　長《なが》さを，それぞれ　何《なん》cmに　すればよいですか。（20点／1つ5点）

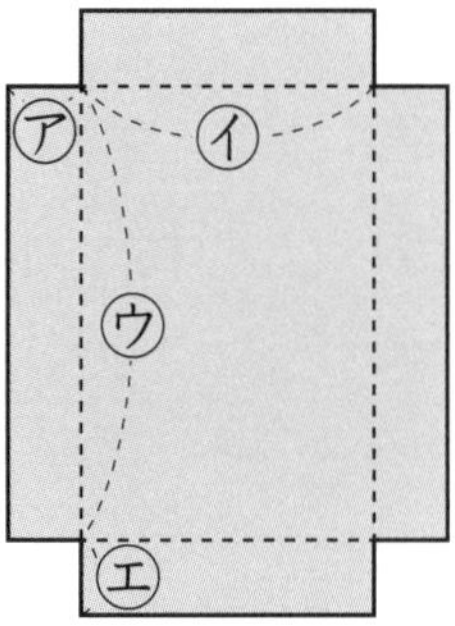

㋐〔　　　　〕　㋑〔　　　　〕

㋒〔　　　　〕　㋓〔　　　　〕

3 右の　形は，さいころの　形です。□に
あてはまる　ことばや　数《かず》を　書《か》きましょう。

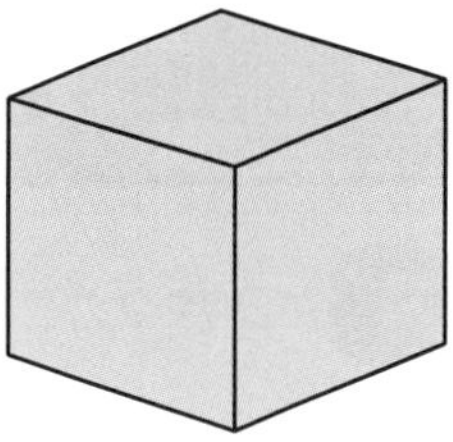

(20点/1つ4点)

(1) 面《めん》は　□つ　あります。

(2) 面の　形は　□です。

(3) ちょう点《てん》は　□こ　あります。

(4) へんの　数は　□本　あります。

(5) へんの　長さは　ぜんぶ　□です。

たいせつ **4** 右のような　はこを　つくりたいと　思《おも》い
ます。どの　形が　いくつ　いりますか。

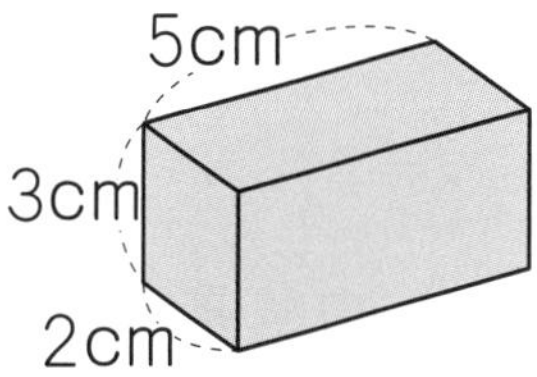

(15点)

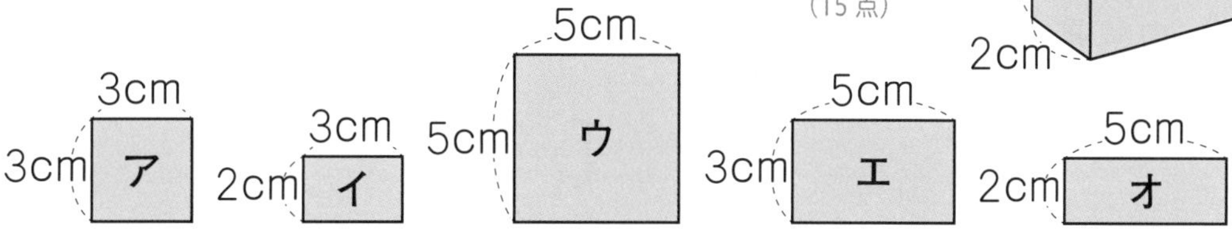

□が　□まい，□が　□まい，□が　□まい

5 ひごと　ねん土玉で，右のような　形
を　つくります。

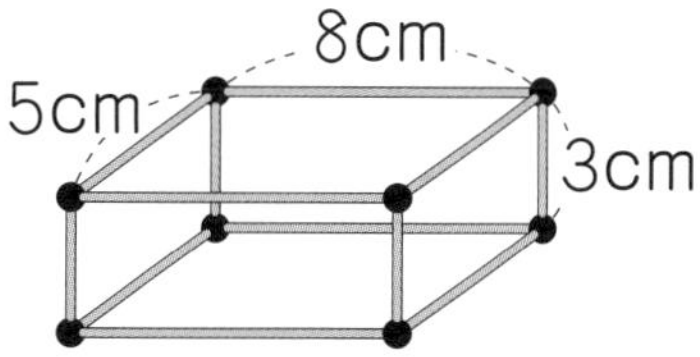

(1) どんな　長さの　ひごが，何本《なんぼん》　いり
ますか。(10点)

［　　　　　　　　　　　　］

(2) ねん土玉は　いくつ　いりますか。(5点)

［　　　　　］

STEP 3　18～20

ステップ3

月　日　答え ➡ べっさつ14ページ

時間 20分　合かく 80点　とく点　点　シール

1 つぎの　図《ず》を　見て，もんだいに　答《こた》えましょう。(30点《てん》/1つ10点)

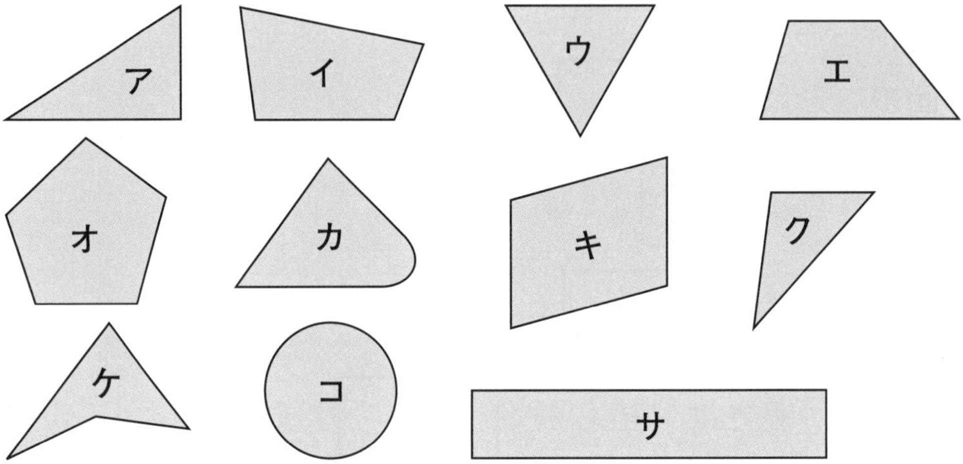

(1) 三角形《さんかくけい》は　どれですか。

［　　　　　　　　］

(2) 四角形《しかくけい》は　どれですか。

［　　　　　　　　］

(3) 三角形でも　四角形でも　ない　ものは　どれですか。

［　　　　　　　　］

2 つぎの　形《かたち》に　直線《ちょくせん》を　1本　かいて，三角形と　四角形に　分《わ》けましょう。(10点/1つ5点)

(1)

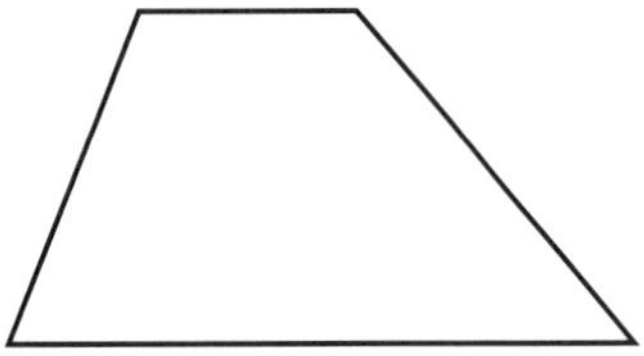

(2)

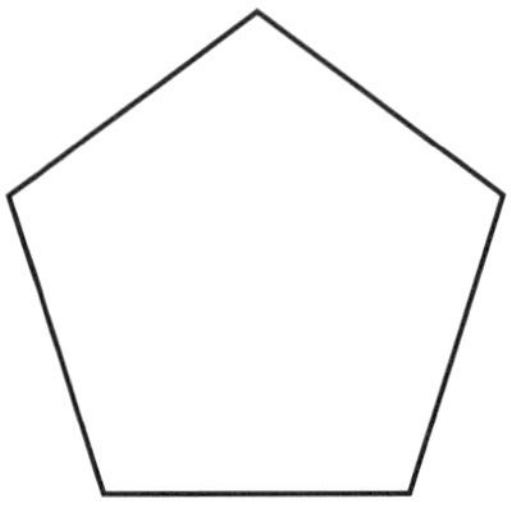

3 下の　形に　直線を　１本　かいて，つぎの　形を　つくりましょう。(20点/1つ10点)

(1) 三角形と直角《ちょっかく》三角形

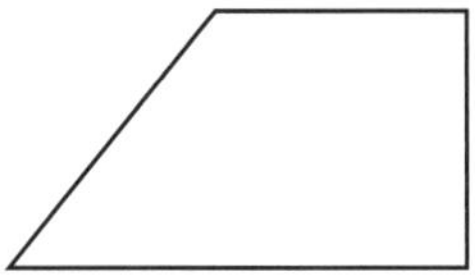

(2) 四角形と長方形《ちょうほうけい》

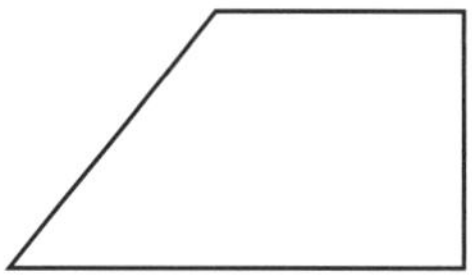

4 長方形に，右のような　直線を　かきました。直角三角形は　ぜんぶで　何《なん》こ　ありますか。(10点)

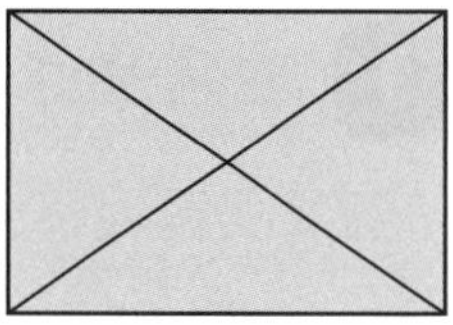

〔　　　　　〕

たいせつ **5** １ぺんの　長《なが》さが　8 cm の　正方形《せいほうけい》の　まわりの　長さは　何 cm ですか。(10点)

〔　　　　　〕

6 下の　図は，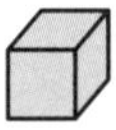の　形を　つみ上げて　つくった　ものです。それぞれ　何こで　できて　いますか。(20点/1つ10点)

(1)

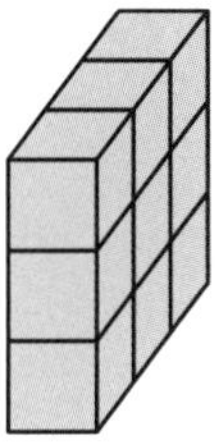

〔　　　　　〕

(2)

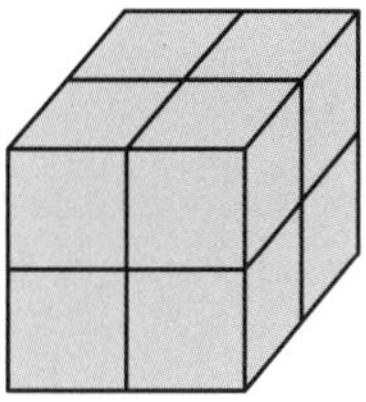

〔　　　　　〕

月　　日　答え ➡ べっさつ15ページ

21 いろいろな　もんだい ①

学習のねらい

- ここでは，**問題をつくる能力**をつけさせること，**線分図によって，問題を解く素地を養うこと**に重点をおいて学習します。
- 特に，線分図は，数量の関係を表示するものとして，今後役立ちます。

ステップ 1

1 お店《みせ》やさんに，下のような　しなものが　あります。

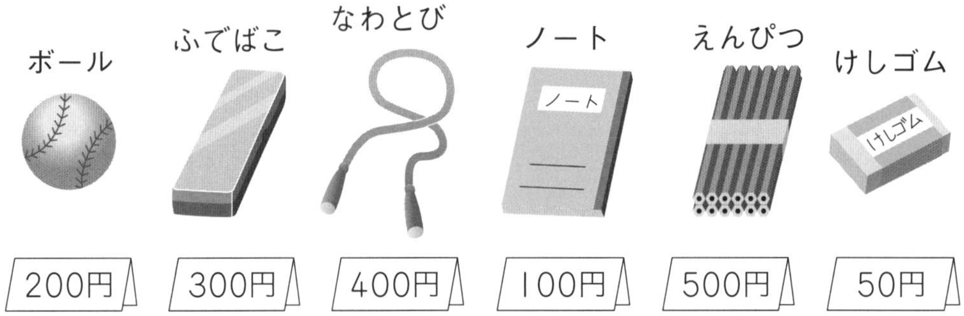

(1) 2つ　買《か》って，ちょうど　700円に　なる，組《く》み合《あ》わせを　ぜんぶ　書《か》きましょう。

［　　　　　　　　　　　　　］

(2) ちがいが　200円に　なる　組み合わせを　ぜんぶ　書きましょう。

［　　　　　　　　　　　　　］

たいせつ **2** □に　あてはまる　数《かず》を　書きましょう。

(1)
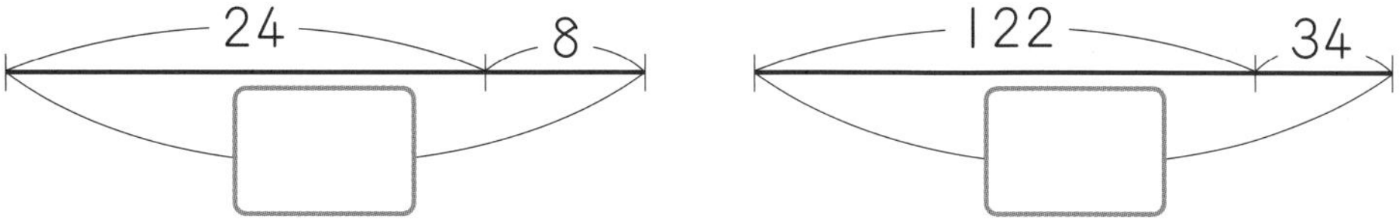

(2)
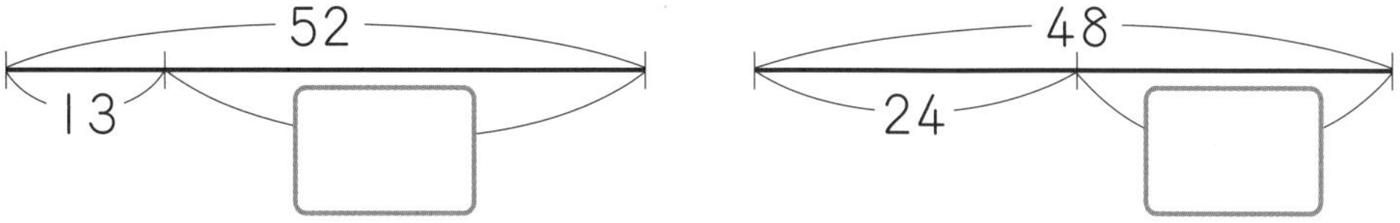

(3)
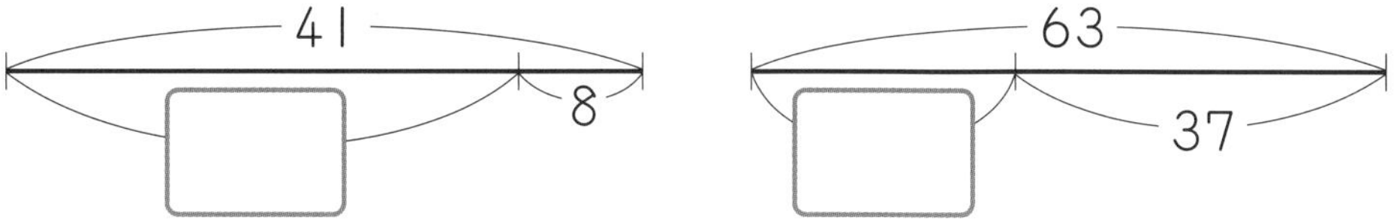

(4)
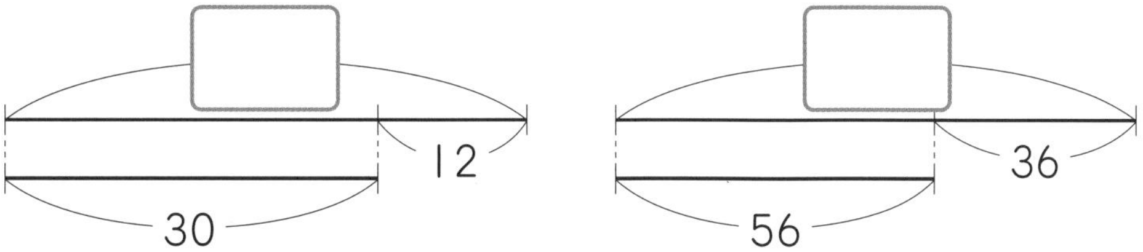

(5)
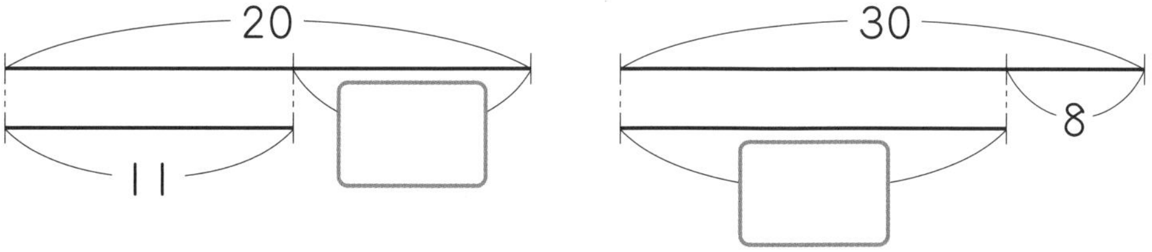

3 下の　文を，線《せん》の　図《ず》に　かきあらわします。

お兄《にい》さんの　本が　29 さつ，ぼくの　本が　26 さつ　あります。

(1) □に　あてはまる　数を　書きましょう。

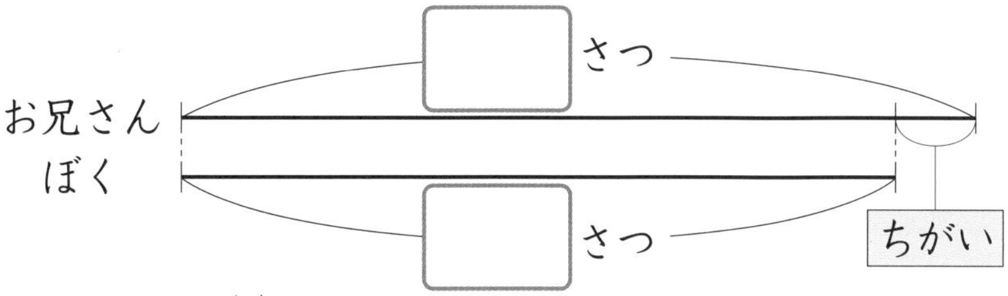

(2) ちがいは　何《なん》さつですか。

〔　　　　　〕

月　　日　答え ➡ べっさつ15ページ　シール

ステップ 2

時間 30分
合かく 80点
とく点　　点

1 つぎの　ことを　つかって，算数《さんすう》の　もんだいを　つくりましょう。(30点《てん》/1つ15点)

(1) かいとさんの　クラスの　人数《にんずう》　37人，そのうち　男の子は　18人，女の子の　人数

(もんだい)＿＿＿＿＿＿＿＿＿＿＿＿＿＿＿＿

＿＿＿＿＿＿＿＿＿＿＿＿＿＿＿＿

＿＿＿＿＿＿＿＿＿＿＿＿＿＿＿＿

(2) 45円の　けしゴム，50円の　えんぴつ，お金　100円，おつり

(もんだい)＿＿＿＿＿＿＿＿＿＿＿＿＿＿＿＿

＿＿＿＿＿＿＿＿＿＿＿＿＿＿＿＿

＿＿＿＿＿＿＿＿＿＿＿＿＿＿＿＿

たいせつ **2** つぎの　もんだいを　読《よ》んで，線《せん》の　図《ず》を　かきましょう。わからない　ところは，□を　かきましょう。(40点/1つ10点)

(1) りんごが　8こ　ありました。おじさんの　家《いえ》から，30こ　おくって　きました。ぜんぶで，何《なん》こに　なりましたか。

(2) ノートは　100円です。けしゴムは，ノートより　20円　やすいそうです。けしゴムは　何円ですか。

(3) きみこさんは，お金を　80円　もって　います。お姉《ねえ》さんは，きみこさんより　40円　多《おお》く　もって　います。お姉さんの　もって　いる　お金は　何円ですか。

(4) あかりさんは，おはじきを　30こ　もって　います。妹《いもうと》は，あかりさんより　7こ　少《すく》ないそうです。妹の　もって　いる　おはじきは　何こですか。

3 けんたろうさんは　友《とも》だちから　シールを　25まい　もらったので，ぜんぶで　75まいに　なったと　言《い》って　います。けんたろうさんは，はじめ　シールを　何まい　もって　いたのでしょうか。(15点《てん》)

(しき)

答《こた》え［　　　　　］

4 お楽《たの》しみ会《かい》の　かざりを，3人で　つくりました。としおさんは，23こ　つくりました。たくやさんは，19こ　つくりました。ぼくは，たくやさんより　2こ　少《すく》ないです。ぼくは，としおさんより　何こ　少ないですか。(15点)

(しき)

答え［　　　　　］

月　日　答え ➡ べっさつ15ページ

22 いろいろな　もんだい ②

学習のねらい

ここでは，文章題が**たし算，ひき算，かけ算のうちのどの式になるか**を判断したり，わからない数値を**□におきかえて**考えたりすることができるようになることをねらいとしています。

ステップ 1

1 どんな　しきに　なるか　考《かんが》えて，もんだいに　答《こた》えましょう。

(1) いちごが　さらに　8こずつ　のって　います。6さら　あります。いちごは　ぜんぶで　何《なん》こ　ありますか。

（しき）

答え［　　　　］

(2) はこに　ケーキが　8こ　はいって　います。6こ　食《た》べると　何こ　のこりますか。

（しき）

答え［　　　　］

(3) みかんが　かごの　中に　8こ，さらの　上に　6こ　あります。みかんは　ぜんぶで　何こ　ありますか。

（しき）

答え［　　　　］

たいせつ **2** つぎの　□に　あてはまる　数《かず》を　もとめましょう。

(1) □+22=44

〔　　　　〕

(2) 13+□=39

〔　　　　〕

(3) □−16=16

〔　　　　〕

3 ある　数を　□と　して　しきを　書《か》き，ある　数を　もとめましょう。

(1) ある　数に　5を　たすと　25に　なります。
(しき)

答え〔　　　　〕

(2) 9に　ある　数を　たすと　24に　なります。
(しき)

答え〔　　　　〕

(3) ある　数から　9を　ひくと　13に　なります。
(しき)

答え〔　　　　〕

月　　日　答え ➡ べっさつ15ページ

STEP 2

ステップ 2

時間 25分　合かく 80点　とく点　　点　シール

1 青い　色紙《いろがみ》が　28 まい，赤い　色紙が　51 まい　あります。どちらが　何《なん》まい　多《おお》いですか。(10 点《てん》)

(しき)

答《こた》え［　　　　　　　　］

2 9 人に　えんぴつを　あげます。1 人に　3 本ずつ　あげるには，ぜんぶで　何本　いりますか。(10 点)

(しき)

答え［　　　　　　　　］

3 あきらさんの　サッカーチームの　人数《にんずう》は，4 月には　28 人でした。　9 月に　なって，5 人　ふえました。ぜんぶで　何人に　なりましたか。(10 点)

(しき)

答え［　　　　　　　　］

4 よし子さんは，おはじきを　妹《いもうと》に　7 こ　あげました。のこりを　数《かぞ》えたら　17 こに　なって　いました。よし子さんは，はじめに　何こ　もって　いましたか。(10 点)

(しき)

答え［　　　　　　　　］

たいせつ **5** つぎの　もんだいで，　ある　数《かず》を　もとめましょう。

（20点/1つ10点）

(1) ある　数に　49 を　たすと　63 に　なります。

（しき）

答え〔　　　　〕

(2) ある　数から　24 を　ひくと　17 に　なります。

（しき）

答え〔　　　　〕

6 つぎの　もんだいを，しきに　書《か》いて　答えを　もとめましょう。（40点/1つ20点）

(1) バスに　おきゃくが　17人　のって　いました。あとから　何人か　のって　きたので，おきゃくは　ぜんぶで　21人に　なりました。あとから　のって　きたのは，何人ですか。

（しき）

答え〔　　　　〕

(2) とし子さんは，おはじきを　もって　いました。妹に　16こ　あげました。のこりを　数えたら，28こに　なって　いました。はじめに，何こ　もって　いましたか。

（しき）

答え〔　　　　〕

STEP 3 21～22

ステップ 3

月　日　答え ➡ べっさつ16ページ

時間 25分
合かく 80点

とく点
点

シール

1 ビスケットが　3まい　はいった　ふくろが，7ふくろ　あります。ビスケットは　ぜんぶで　何《なん》まい　ありますか。（20点《てん》）

（しき）

答《こた》え［　　　　］

たいせつ **2** 3人で，はねつきを　しました。はる子さんは，31　つきました。あき子さんは，はる子さんより　12　少《すく》ない　数《かず》だけつきました。わたしは，あき子さんより　2　少ない　数でした。

（30点／1つ10点）

(1) わたしは，はる子さんより　いくつ　少ないですか。

（しき）

答え［　　　　］

(2) あき子さんと　わたしの　ついた　数を　あわせると，いくつですか。

（しき）

答え［　　　　］

(3) 3人の　ついた　数は，ぜんぶで　いくつですか。

（しき）

答え［　　　　］

3 ある 数を □と して しきを 書《か》き，ある 数を もとめましょう。(50点/1つ10点)

(1) 18に ある 数を たすと 51に なります。

(しき)

答え〔　　　　　〕

(2) ある 数から 27を ひくと 41に なります。

(しき)

答え〔　　　　　〕

(3) ある 数に 17を たすと 63に なります。

(しき)

答え〔　　　　　〕

(4) 5に ある 数を かけると 45に なります。

(しき)

答え〔　　　　　〕

(5) ある 数に 8を かけると 16に なります。

(しき)

答え〔　　　　　〕

月　日 答え ➡ べっさつ16ページ

そうふくしゅうテスト ①

時間 20分
合かく 80点

とく点
点

シール

1 □に　あてはまる　数《かず》を　書《か》きましょう。(12点《てん》/1つ3点)

(1) 100が　6こと　10が　8こで，□です。

(2) 10が　20こと　あと　7で，□です。

(3) 1000が　7こと　10が　2こで，□です。

(4) 6013は，1000が　□こと　あと　□です。

2 つぎの　計算《けいさん》を　しましょう。(32点/1つ4点)

(1)
$$\begin{array}{r} 27 \\ +56 \\ \hline \end{array}$$

(2)
$$\begin{array}{r} 46 \\ +69 \\ \hline \end{array}$$

(3)
$$\begin{array}{r} 99 \\ +\ \ 9 \\ \hline \end{array}$$

(4)
$$\begin{array}{r} 83 \\ +47 \\ \hline \end{array}$$

(5)
$$\begin{array}{r} 120 \\ -\ 76 \\ \hline \end{array}$$

(6)
$$\begin{array}{r} 101 \\ -\ \ \ 7 \\ \hline \end{array}$$

(7)
$$\begin{array}{r} 426 \\ -\ 14 \\ \hline \end{array}$$

(8)
$$\begin{array}{r} 691 \\ -\ 49 \\ \hline \end{array}$$

3 つぎの □に，＞，＝，＜の　きごうを　入れましょう。

（16点/1つ4点）

(1) 8+3 □ 8+2

(2) 18−9 □ 7+3

(3) 36+(18−12) □ 36+18−12

(4) 47−(23−18) □ 47−23−18

4 □に　あてはまる　数を　書きましょう。（32点/1つ4点）

(1) 1m8cm＝□cm　(2) 107mm＝□cm□mm

(3) 907cm＝□m□cm　(4) 5cm7mm＝□mm

(5) 58dL＝□L□dL　(6) 7dL50mL＝□mL

(7) 10L＝□dL　(8) 230mL＝□dL□mL

5 長《なが》さが　1m30cmの　くいを，40cmだけ　土の　中に　うちこみたいと　思《おも》います。今《いま》　地《じ》めんの　上には，1m12cm出て　います。あと，何《なん》cm　うちこめば　よいですか。（8点）

（しき）

答《こた》え〔　　　　〕

月　日　答え ➡ べっさつ16ページ

そうふくしゅうテスト②

時間 30分　合かく 80点　とく点　点　シール

1 つぎの　かけ算《ざん》を　しましょう。（24点《てん》/1つ2点）

(1) 6×4　(2) 4×7　(3) 3×7

(4) 9×6　(5) 6×6　(6) 8×7

(7) 5×9　(8) 9×3　(9) 7×6

(10) 4×11　(11) 7×12　(12) 13×2

2 つぎの　計算《けいさん》を　しましょう。（8点/1つ2点）

(1) $83+12+18$　(2) $120-59-11$

(3) $96+(35-16)$　(4) $100-(25+17)$

3 つぎの　形《かたち》を　下の　なかまに　まとめましょう。（10点/1つ5点）

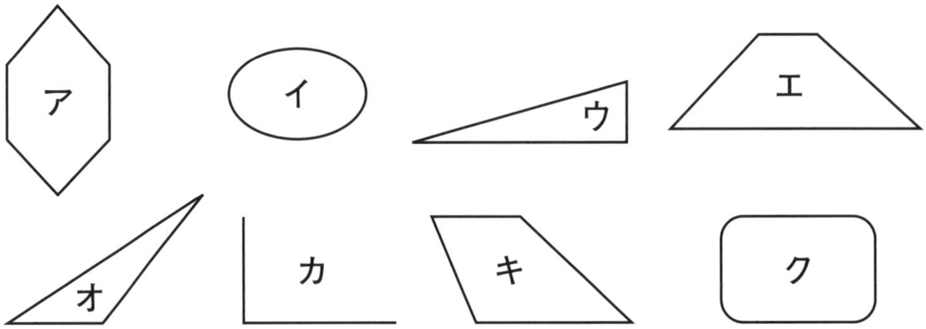

(1) 三角形《さんかくけい》の　なかま　［　　　　］

(2) 四角形《しかくけい》の　なかま　［　　　　］

4 つぎの　形の　中に，長方形《ちょうほうけい》は　何《なん》こ　ありますか。

（10点/1つ5点）

(1)

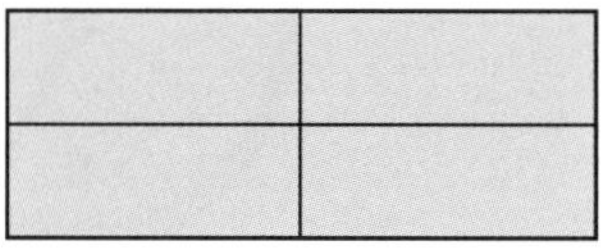

〔　　　　〕

(2)

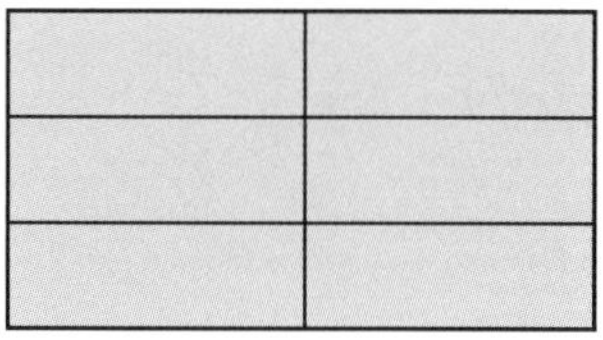

〔　　　　〕

5 よしとさんが　学校へ　行《い》く，ア，イの　2通《とお》りの　道《みち》の　うち，どちらが　どれだけ　近《ちか》いですか。

（7点）

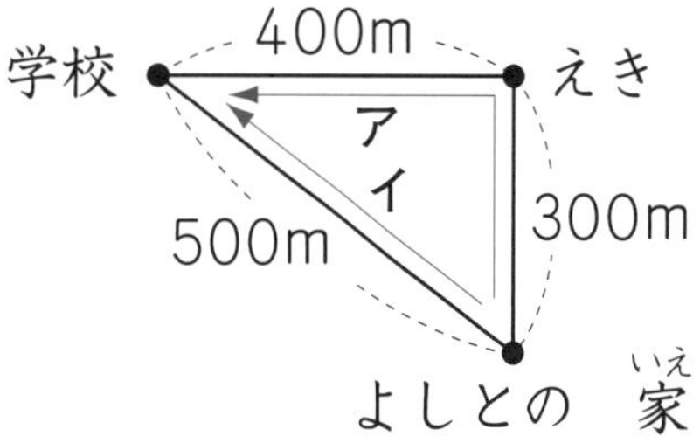

〔　　　　〕が〔　　　　〕近い。

6 ひごと　ねん土玉で，右のような　形を　つくります。（15点/1つ5点）

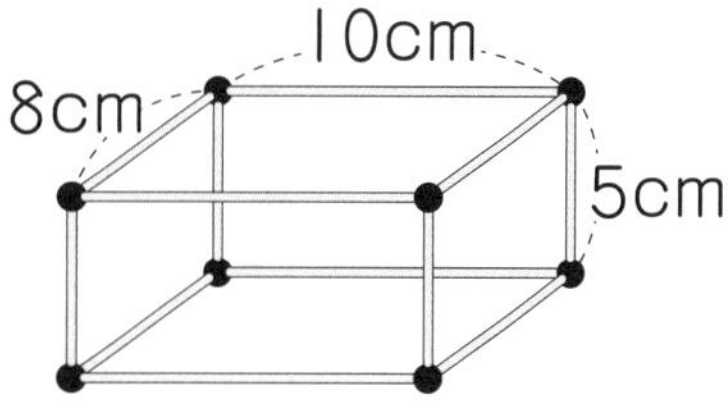

(1) どんな　長《なが》さの　ひごが　何本　いりますか。

〔　　〕cmが〔　　〕本　〔　　〕cmが〔　　〕本

〔　　〕cmが〔　　〕本

(2) ねん土玉は　いくつ　いりますか。

〔　　　　〕

(3) たて5cm，よこ8cmの　長方形は　いくつ　ありますか。

〔　　　　〕

7 右の　時計《とけい》を　見て，つぎの　時《じ》こくや　時間《じかん》を答えましょう。(16点/1つ4点)

(1) 15分前《ふんまえ》の　時こく

〔　　　　　〕

(2) 1時間後《あと》の　時こく

〔　　　　　〕

(3) 3時43分《ぷん》までの　時間

〔　　　　　〕

(4) 4時までの　時間

〔　　　　　〕

8 ななみさんと　ゆきさんと　はるかさんが　もって　いる　カードの　数《かず》を，グラフに　あらわしました。(10点/1つ5点)

カードの　数

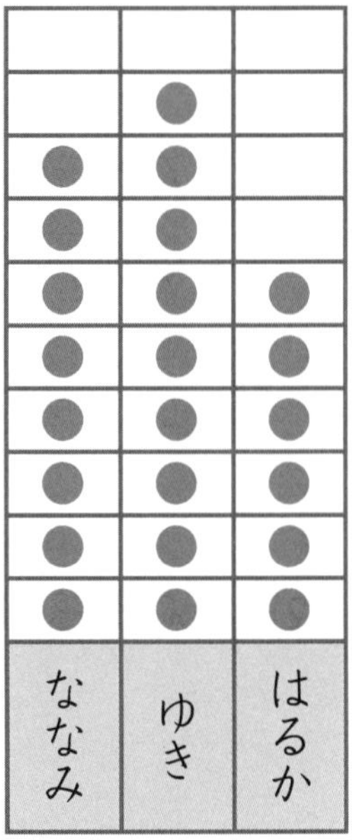

(1) カードを　いちばん　多《おお》く　もって　いるのは　だれですか。

〔　　　　　〕

(2) ななみさんは，はるかさんより　何《なん》まい　多く　カードを　もって　いますか。

〔　　　　　〕

答え

小2 標準問題集
算数

おうちの方へ

この解答編では，おうちの方向けに「アドバイス」「ここに注意」として，学習のポイントや注意点などを載せています。答え合わせのほかに，問題に取り組むお子さまへの説明やアドバイスの参考としてお使いください。本書を活用していただくことでお子さまの学習意欲を高め，より理解が深まることを願っています。

1年の ふくしゅう ①　2～3ページ

1 (1)4，8，12，14
(2)90，80，50，40
(3)45，55，60，70
(4)82，81，80，78

2 (1)8，3　(2)7，9　(3)10，1　(4)93

3 (1)91 → 87 → 79 → 68 → 66
(2)110 → 101 → 100 → 98 → 89

4 (1)64　(2)82　(3)97　(4)57　(5)2

5 (1)68　(2)100

6

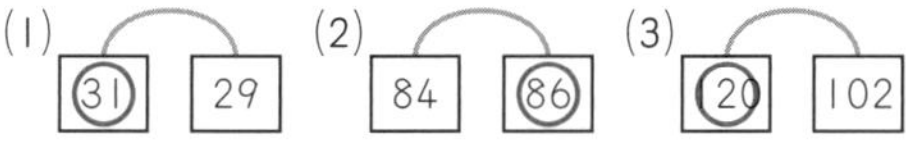

1年の ふくしゅう ②　4～5ページ

1

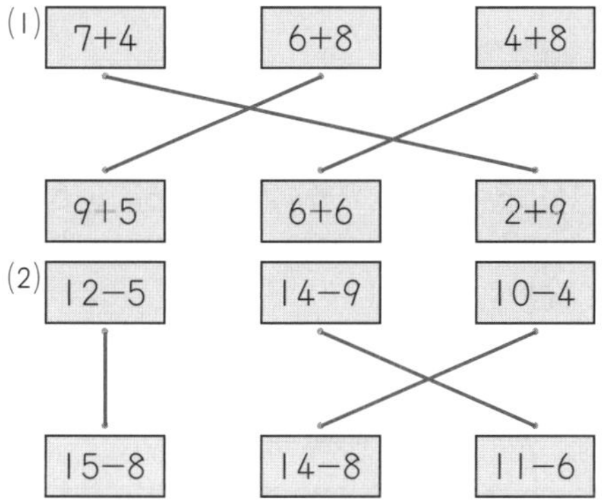

2 (1)9　(2)0　(3)8　(4)0　(5)7　(6)4
(7)0　(8)4　(9)0　(10)0　(11)6　(12)15

3 (1)9　(2)19　(3)13　(4)1　(5)1　(6)6
(7)8　(8)2

4 (1)50　(2)80　(3)29　(4)35　(5)20
(6)10　(7)22　(8)46

5 (しき)21+8=29　(答《こた》え)29 本

1年の ふくしゅう ③　6～7ページ

1 (1)イ　(2)ア　(3)イ

2 ア，エ，オ，カ

3 (1)10 時《じ》 5 分《ふん》　(2)4 時 45 分
(3)4 時 15 分

4 (1)ウ　(2)イ　(3)ア

5 (1)くもり　(2)2 日　(3)5 日

1 1000までの　数

ステップ 1　8～9ページ

1 (1)150 まい　(2)153 まい　(3)230 まい

2 8…百のくらい　3…十のくらい　5…一のくらい

3 (1)139，140
(2)650，800
(3)507，505

4 (1)<　(2)>　(3)>　(4)<

5 (1)9　(2)0　(3)5

アドバイス

1 (1)10 枚が 15 こで 150 枚。

ひっぱると、はずして使えます。

(2) 100 枚が１こで 100 枚，10 枚が５こで 50 枚，１枚が３こで３枚，合わせて 153 枚。
(3) 100 枚が２こで 200 枚，10 枚が３こで 30 枚，合わせて 230 枚。

> **ここに注意**　10 のまとまりがいくつあるか，100 のまとまりがいくつあるかを数えさせます。

3 数の並びの問題では，いくつとびになっているかを，まず見つけなくてはなりません。
4 大小を表す印として，＞，＜，＝の３つの意味とその書き方を覚えさせましょう。
5 わからないときは，**2**をもう一度確認させましょう。一の位，十の位が空位のときは，「0」を書くことに気をつけさせましょう。

ステップ２　10〜11ページ

1 (1)473　(2)503　(3)640
2 (1)367　(2)570　(3)802　(4)480
(5)1000
3 (1)580 → 535 → 510 → 508
(2)765 → 756 → 675 → 576
4 (1)385，400，405
(2)904，919，936，946，955
5 (1)600　(2)300　(3)900　(4)400
6 〔小さい・(大きい)〕
〔(買えます)・買えません〕

アドバイス

3 数の大小を判断するときには，その数のいちばん上の位の数に着目させます。それが同じときには，その下の位の数にと，順次考えさせるようにします。
4 １目盛りがいくつずつ増えているかを考えさせます。
6 所持金が値段よりも多い場合は買えて，少ない場合には買えません。

2 たし算の　ひっ算 ①

ステップ１　12〜13ページ

1 (1)20　(2)30　(3)50　(4)40　(5)70
(6)80

2
```
  4 2
+ 3 4
```
① くらいを　そろえて　書く。
⇩
```
  4 2
+ 3 4
    [6]
```
② 一のくらいの　計算《けいさん》
2+4=[6]
⇩
```
  4 2
+ 3 4
 [7 6]
```
③ 十のくらいの　計算
4+3=[7]

④ 答《こた》えは [7 6]

3
```
  5 4
+ 3 8
```
① くらいを　そろえて　書く。
⇩
```
  [1]
  5 4
+ 3 8
    [2]
```
② 一のくらいの　計算
4+8=[1 2]
十のくらいに [1] くり上げる。
⇩
```
  1
  5 4
+ 3 8
 [9 2]
```
③ 十のくらいの　計算
[1]+5+3=[9]

④ 答えは [9 2]

4 (1)56　(2)88　(3)97
(4)83　(5)93　(6)50
(7)54　(8)61　(9)47

アドバイス

4 一の位から順に計算させましょう。

> **ここに注意**　一の位がくり上がったとき，十の位の計算に気をつけさせましょう。

ステップ２　14〜15ページ

1 (1)88　(2)53　(3)86　(4)48　(5)94
(6)55　(7)83　(8)42　(9)66　(10)84
(11)51　(12)80　(13)91　(14)80　(15)81
(16)80
2 (1)
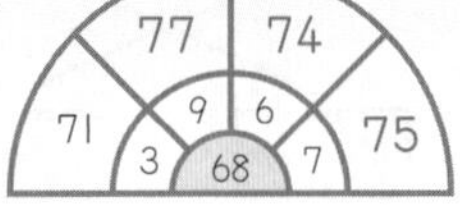

(2)

❸ (しき)19+24=43　(答《こた》え)43本

❹ (しき)28+12=40　(答え)40本

❺ (しき)37+18=55　(答え)55まい

❻ (しき)36+48=84
84+7=91　(答え)91こ

3 ひき算の　ひっ算 ①

ステップ1　16～17ページ

❶ (1)57　(2)32　(3)45　(4)29　(5)78
(6)64

❷
　36
－23
①くらいを　そろえて　書《か》く。

⇩

　36
－23
　　3
② 一のくらいの　計算《けいさん》
6－3=3

⇩

　36
－23
　13
③ 十のくらいの　計算
3－2=1

④ 答《こた》えは 13

❸
　53
－25
① くらいを　そろえて　書く。

⇩

　④
　5̸3
－25
　　8
② 一のくらいの　計算
3から　5は　ひけないので,
十のくらいから 1 くり下げる。

⇩

13－5=8

　4
　5̸3
－25
　28
③ 十のくらいの　計算
1くり下げたので　4。
4－2=2

④ 答えは 28

❹ (1)22　(2)71　(3)50
(4)19　(5)27　(6)56
(7)36　(8)47　(9)71

アドバイス

❹ たし算と同じように, 一の位どうし十の位どうしを計算させます。

> **ここに注意** (4)～(9)では, くり下がりに気をつけて一の位から計算することに気をつけさせましょう。

ステップ2　18～19ページ

❶ (1)52　(2)24　(3)50　(4)33　(5)57
(6)15　(7)54　(8)29　(9)23　(10)27
(11)14　(12)6　(13)37　(14)8　(15)25
(16)34

❷ (1)

(2)

❸ (しき)24－6=18　(答《こた》え)18才《さい》

❹ (しき)36－17=19　(答え)19本

❺ (しき)96－88=8　(答え)8点《てん》

❻ (しき)90－71=19
(答え)ゆかりさんが　19回《かい》　多《おお》い。

4 たし算の　ひっ算 ②

ステップ1　20～21ページ

❶ (1)128　(2)116　(3)104　(4)143
(5)121　(6)101　(7)341　(8)682
(9)770　(10)524　(11)130　(12)910

❷ (1)
　77
＋ 4
　81
(たしかめ)
　 4
＋77
　81

(2)
　27
＋43
　70
(たしかめ)
　43
＋27
　70

❸ (しき)75+65=140　(答《こた》え)140人

❹ (しき)88+34=122　　　(答え)122 こ

❺ (しき)70+36=106　　　(答え)106 こ

アドバイス

❷ たし算では，たされる数とたす数を入れかえても答えは同じです。このことを使って，答えが正しいかどうかを確かめることができます。

ステップ 2　　22〜23ページ

❶ (1)129　(2)117　(3)109　(4)149
(5)125　(6)118　(7)135　(8)117
(9)112　(10)162　(11)107　(12)100
(13)850　(14)943　(15)251　(16)550

❷ (1)115　(2)122　(3)106　(4)125

❸ (しき)88+74=162　　　(答《こた》え)162 こ

❹ (しき)59+75=134　　　(答え)134 円

❺ (しき)55+45+48=148　　　(答え)148 羽《わ》

❻ (しき)56+17=73
56+73=129　　　(答え)129こ

アドバイス

❶ 3 位数の計算も，2 位数までと同じようにしてできることに気づかせることが大切です。

❷ 3 つの数の計算は全て前から順序よく計算していくと解けるものですが，計算する順序を変えることで何十，何百という数ができ，計算しやすくなる場合があります。
例えば，(2)の計算では，
60+22+40=100+22=122
となり，暗算でも計算できるようになります。

❻ まず，白組の個数を求めなければなりません。その上で，赤組と白組の個数を合わせるという二段階の問題になっています。

5 ひき算の　ひっ算 ②

ステップ 1　　24〜25ページ

❶ (1)144　(2)114　(3)122　(4)136
(5)87　(6)51　(7)69　(8)59　(9)98
(10)93　(11)98　(12)94　(13)254　(14)400
(15)707　(16)809

❷ (1)
$$\begin{array}{r} 97 \\ -\ 94 \\ \hline 3 \end{array}$$
(たしかめ)
$$\begin{array}{r} 94 \\ +\ \ 3 \\ \hline 97 \end{array}$$

(2)
$$\begin{array}{r} 51 \\ -\ \ 8 \\ \hline 43 \end{array}$$
(たしかめ)
$$\begin{array}{r} 8 \\ +\ 43 \\ \hline 51 \end{array}$$

❸ (しき)138−45=93　　　(答《こた》え)93 まい

❹ (しき)183−95=88　　　(答え)88 円

❺ (しき)138−79=59
(答え)色紙《いろがみ》が　59 円　高《たか》い。

アドバイス

❶ 一の位，十の位と順に計算させ，くり下がりには十分気をつけさせてください。(1)〜(4)，(13)〜(16)は，百の位からのくり下がりがなく，(5)〜(12)は，百の位からのくり下がりがあります。

❸ 弟にあげた 45 枚をひけばよいことになります。

ステップ 2　　26〜27ページ

❶ (1)162　(2)229　(3)638　(4)339
(5)85　(6)56　(7)99　(8)89　(9)48
(10)62　(11)5　(12)91　(13)74　(14)49
(15)39　(16)7

❷ (1)32　(2)35　(3)83　(4)19

❸ (しき)121−67=54
67−54=13
(答《こた》え)男の子が　13 人　多《おお》い。

❹ (しき)110−58−32=20
(答え)20 ページ

❺ (しき)102−46=56　　　(答え)56 さつ

❻ (もんだいの　れい)100 円を　もって　買《か》いものに　行《い》きました。84 円の　チョコレートを　買いました。おつりは　何円《なんえん》ですか。
(しき)100−84=16　　　(答え)16 円

アドバイス

❶ (9)〜(11)は 100 から 2 けたの数をひくひき算です。(9)の 100−52 の場合，一の位の 0 から 2 はひけないので，十の位からくり下げるのですが，そこも 0 なので百の位の 1 を 10 たば 10 こにくずし，それを 90 と 10 に分けて考えさせることになります。

$$\begin{array}{r} 100 \\ -\ \ 52 \\ \hline \end{array} \rightarrow \begin{array}{r} {\scriptstyle 9\ 10} \\ \not{1}\not{0}0 \\ -\ \ 52 \\ \hline \end{array} \rightarrow \begin{array}{r} {\scriptstyle 9\ 10} \\ \not{1}\not{0}0 \\ -\ \ 52 \\ \hline 48 \end{array}$$

❷ (3)は前から順々にひいていっても計算できますが，80 をひいて 10 をひくので，合計 90 をひくと考えると，173−90=83 と暗算することができます。

3 まずは，女の子の人数を求めないとこの問題は解けません。その上で男の子の人数と女の子の人数の差に着目させるようにします。

5 今までにあった冊数に，46 冊増えて，102 冊になったことを理解することが大切です。

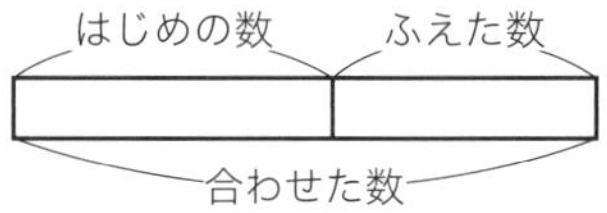

合計の 102 冊から増えた分の 46 冊をひくと，はじめにあった冊数が求められます。

1～5 ステップ 3　28～29ページ

1 (1)360　(2)508　(3)461　(4)705

2 (1)807　(2)32　(3)64，5　(4)9，5，1

3 (1)＞　(2)＜　(3)＞　(4)＞

4 (1)59　(2)62　(3)146　(4)25　(5)22
(6)31

5 (1)(しき)48+55=103
(答《こた》え)103 まい
(2)(しき)17+17=34　(答え)34 まい
(3)(しき)103−34=69　(答え)69 まい

アドバイス

3 計算をして，その答えを比べる問題です。くり上がりに注意させましょう。

5 (3)上の式は，2 人がはじめに持っていた合計枚数から，2 人が弟にあげた合計枚数をひいて求めています。
他の考え方として，こうたさんが弟にあげた後に残った枚数は，48−17=31(枚)
ゆうきさんが弟にあげた後に残った枚数は，55−17=38(枚)
2 人合わせて，31+38=69(枚)
としてもよいです。
どのように考えたのか，説明させましょう。

6 時こくと　時間

ステップ 1　30～31 ページ

1 (1)2 時《じ》35 分《ふん》
(2)5 時 20 分　(3)9 時 30 分(9 時半《はん》)
(4)11 時 25 分　(5)8 時 55 分
(6)7 時 15 分

2 (1)60　(2)24　(3)午前《ごぜん》，午後《ごご》

3 (1)20 分　(2)35 分

4 (1)4 時間《じかん》　(2)6 時間　(3)12 時間

5 (1)7 時　(2)6 時 10 分

アドバイス

2 (2)(3) 正午を境にして，その前を午前，その後を午後といいます。午前は 12 時間，午後も 12 時間だから，合わせて 1 日 =24 時間となることを理解させましょう。

3 (1)長いはりが何目盛り動いたかを考えさせます。15 分から 35 分まで動いているので，35 分 −15 分 =20 分 となります。

4 (1)午前 8 時から正午まで目盛りが 4 つあるので，4 時間と考えさせます。

5 (2)6 時 30 分 −20 分 =6 時 10 分

ステップ 2　32～33ページ

1 (1)1　(2)80　(3)1　(4)1，30
(5)12 時間《じかん》

2 (1)24 分《ぶん》　(2)24 分　(3)9 時間

3 (1)7 時 53 分　(2)6 時 25 分

4 3 時 55 分

5 9 時 30 分

6 37 分

7 6 時間

アドバイス

1 (2)1 時間 =60 分なので，1 時間 20 分は，60 分 +20 分 =80 分 になります。
(4)90 分 =60 分 +30 分なので，90 分は，1 時間 30 分になります。

2 (2)4 時は 3 時 60 分と考えると，60 分 −36 分 =24 分となります。

7 長さ ①

ステップ 1　34～35ページ

1 (1)たんい，cm
(2)1 ミリメートル，1mm

2 (1)4cm　(2)6cm　(3)4cm5mm

3 (1)30　(2)28　(3)6　(4)8，8　(5)14，5

4 (1)20　(2)18　(3)45　(4)9

❺ (1)(しき)7cm+10cm=17cm

(答《こた》え)17cm

(2)(しき)12cm+7cm=19cm

(答え)19cm

アドバイス

❷ どこからどこまでで1cmかを知らせ，それを単位として何cmあるかと考えさせていきます。

❺ どの色とどの色を合わせるのかをしっかりとおさえ，その数量を対応してとらえさせてから式を立てさせるようにします。

ステップ2　36～37ページ

❶ (1)70mm　7cm　(2)59mm　5cm9mm　(3)87mm　8cm7mm

❷ (1)7cm9mm

(2)11cm3mm

❸ しょうりゃく

❹ (1)80mm　(2)6cm4mm　(3)57mm

❺ (1)61mm → 5cm9mm → 5cm7mm

(2)10cm1mm → 9cm9mm → 98mm

(3)10cm5mm → 101mm → 8cm

❻ (1)9，2　(2)8，6

(3)11，5　(4)1，5

アドバイス

❷ ものさしで測る場合，印刷によって多少のずれが出るのが普通です。解答と1～2mmくらいの誤差は正答としてあげるようにしてください。

❻ (3)同じ単位どうしを計算させます。

16cm5mm−5cm=11cm5mm

(4)3cm=2cm10mmと考えて，同じ単位どうしを計算させます。

2cm10mm−1cm5mm=1cm5mm

または，どちらもmmに直して計算することもできます。

30mm−15mm=15mm=1cm5mm

長さの計算は，単位をそろえて計算しないと，たいへんなまちがいをすることになります。cmはcm，mmはmmで計算させるように習慣づけてください。

8 長さ ②

ステップ1　38～39ページ

❶ (1)100　(2)6　(3)210　(4)1，80

❷ (1)29　(2)40　(3)30

❸ (1)m　(2)mm　(3)cm

❹ (1)110cm　(2)1m10cm

❺ (しき)1m28cm+8cm=1m36cm

(答《こた》え)1m36cm

❻ (しき)2m45cm−2m35cm=10cm

(答え)10cm

アドバイス

❹ 30cmのものさし3回では，30，60，90で90cmになります。それにあと，20cmあるので，90+20=110で，110cmとなります。また，1m=100cmなので，110cmは1m10cmになります。

ステップ2　40～41ページ

❶ (1)500cm　(2)5m20cm　(3)185cm

(4)305cm

❷ (1)2m14cm → 210cm → 2m8cm

(2)610cm → 6m9cm → 5m90cm

❸ (1)7，70　(2)2，9　(3)10，40

(4)2，40

❹ (しき)1m10cm−30cm=80cm

(答《こた》え)80cm

❺ (しき)2m−28cm=1m72cm

(答え)1m72cm

❻ (しき)30+30+30+30=120(cm)

120cm+10cm=130cm

130cm=1m30cm

(答え)1m30cm

❼ (れい)家《いえ》の　げたばこの　よこの　長《なが》さ

(長さ)60cm

(れい)とびらの　よこの　長さ

(長さ)80cm

アドバイス

❶ (4)3m5cmの場合，35cmとしてしまうミスが多いものです。何十cmという部分がないので，そこに0を書き忘れないように注意させましょう。

❸ (3)840cm+2m の問題のような場合，単位をそろえて計算するように習慣をつけさせましょう。

840cm+2m=8m40cm+2m
=10m40cm

❺ 2m−28cm=1m100cm−28cm
=1m72cm

2m のうち 1m を cm にくり下げて考えさせます。

9 かさ

ステップ1　42〜43ページ

❶ エ→ア→イ→ウ
❷ (1)L　(2)mL　(3)mL　(4)L
❸ (1)dL，mL　(2)10，1000
❹ (1)6　(2)2　(3)40
❺ (1)30　(2)25　(3)5　(4)3，6　(5)1000
(6)8　(7)400　(8)70

アドバイス

❹ ますにはいる水のかさと，1 目もりが表すかさを考えさせます。
❺ 1L=10dL，1dL=100mL，
1L=1000mL です。この関係を使ってとけるように練習しましょう。

ステップ2　44〜45ページ

❶ (1)40　(2)10　(3)56　(4)7，2
(5)10，6　(6)153　(7)2　(8)1000
❷ (1)8L3dL → 6L → 5L9dL → 50dL
(2)40L → 360dL → 9L → 81dL
❸ 15dL
❹ (1)18　(2)39　(3)5，5　(4)8　(5)3
(6)2，6
❺ (1)はじめさん…13dL(1L3dL)
たかしさん…11dL(1L1dL)
(2)(しき)13dL−11dL=2dL
(答《こた》え)はじめさんの 水とうが 2dL 多《おお》い。
(3)(しき)13dL+11dL=24dL
(答え)24dL(2L4dL)

アドバイス

❸ 2L−5dL は，単位をそろえて計算します。
20dL−5dL=15dL
❹ (4)18dL−1L=18dL−10dL=8dL
(6)36dL−1000mL=3L6dL−1L
=2L6dL

ここに注意 かさの計算をするときには，単位に十分気をつけて計算させましょう。L と L，dL と dL など，同じ単位どうしで計算させましょう。

10 ひょうと グラフ

ステップ1　46〜47ページ

❶ (1)

どうぶつの 数《かず》

名まえ	きりん	さる	くま	うま
数	8	9	7	5

(2) どうぶつの 数

	○		
○	○		
○	○	○	
○	○	○	
○	○	○	○
○	○	○	○
○	○	○	○
○	○	○	○
○	○	○	○
きりん	さる	くま	うま

(3)さる
(4)くま
❷ (1)みおさん
(2)14 こ
(3)9 こ

アドバイス

❶ 表にかき表していくときは，まず，何がいるか，そして，それぞれ何びきいるのかをしっかりととらえさせるようにしてください。

ステップ2　48〜49ページ

❶ (1)15 こ
(2)みのるさんの 2 回目《かいめ》

(3) 玉入れの　けっか

		○	
		○	○
		○	○
	○	○	○
	○	○	○
○	○	○	○
○	○	○	○
○	○	○	○
○	○	○	○
まさみ	ひなた	みのる	めぐみ

(4)みのるさんで，9 こ

(5)ひなたさんで，6 こ

❷ (1) かん字テストの　けっか

	○		
○	○		
○	○	○	
○	○	○	
○	○	○	○
○	○	○	○
○	○	○	○
○	○	○	○
○	○	○	○
はるか	しんじ	ようこ	ひでと

(2)しんじさんで，9 つ

(3)ようこさん…70 点《てん》

ひでとさん…50 点

❸ 1 ぱん…4 点

2 はん…6 点

3 ぱん…2 点

4 はん…4 点

アドバイス

❸ 1 つの○が 1 点ずつですから，それぞれのはんの○の数を数えさせて点数を求めさせます。

6～10 ステップ 3　50～51ページ

❶ (1)1，55　(2)130　(3)1，9　(4)7004

❷ (1)26 分《ぶん》　(2)2 時間《じかん》 24 分

❸ (1)155　(2)8，57　(3)6，1

(4)6，3

❹ (1)午後《ごご》 1 時 25 分　(2)午後 4 時

❺ 160cm，1m60cm

❻ 2L3dL

アドバイス

❷ (1)54 分から 28 分をひくと 26 分です。

(2)3 時 36 分から 4 時までは 24 分，4 時から 6 時までは 2 時間なので，2 時間 24 分になります。

❺ 40cm が 4 本なので，40cm+40cm+40cm+40cm=160cm となります。

❻ 3L=30dL なので，30dL−3dL−4dL=23dL となります。

11 ばいと　かけ算

ステップ 1　52～53ページ

❶ (1)(じゅんに)2，3，6

(2)(じゅんに)8，5，40

❷ (1)(しき)9×2=18　　(答《こた》え)18 こ

(2)(しき)5×3=15　　(答え)15 本

❸ (1)6×5

(2)7×8

(3)3×6

❹ (1)4

(2)(じゅんに)3，4

❺ (1)2×8　(2)8×5　(3)6×4

アドバイス

❷ 何のいくつ分という考え方をきちんと身につけさせることが大切です。身近な生活の中からも見つけさせるようにしましょう。

❺ 問題に出てくる数字がそれぞれ「1 つ分の数」「いくつ分」のどちらなのかを考えます。

(1)　2　×　8

↑　　↑

1 つ分の数　いくつ分

ステップ 2　54～55ページ

❶ (1)7×3=7+7+7=21

(2)5×4=5+5+5+5=20

(3)6×6=6+6+6+6+6+6=36

(4)7×8=7+7+7+7+7+7+7+7=56

(5)8×9=8+8+8+8+8+8+8+8+8=72

❷ (1)2×4=8
(2)4×5=20
(3)8×3=24

❸ (1)(しき)3×7=21　　(答《こた》え)21 まい
(2)(しき)7×4=28　　(答え)28 日

❹ (1)2 ばい
(2)2 ばい
(3)4 ばい

❺ (しき)3×9=27　　(答え)27 人

アドバイス

❷ (1)2+2+2+2=8
(2)4+4+4+4+4=20
(3)8+8+8=24

❸ (1)3+3+3+3+3+3+3=21
(2)7+7+7+7=28

❺ 3+3+3+3+3+3+3+3+3=27

ここに注意　ここで，「9×3」とした場合は，1 つ分の数といくつ分をはっきりと区別できていないことが考えられるので注意します。どんな同じ数のかたまりがいくつあるのかを，しっかりとおさえてから式に表す習慣を，きちんと身につけさせておきたいものです。

12 かけ算 ①

ステップ 1　56〜57ページ

❶ (1)3×9=27
(2)2×6=12

❷ (1)8　(2)36　(3)25
(4)2　(5)15　(6)6
(7)12　(8)16　(9)24
(10)40　(11)28　(12)21

❸ (1)(しき)3×6=18　　(答《こた》え)18 こ
(2)(しき)5×2=10　　(答え)10 こ

❹ (1)(しき)4×4=16　　(答え)16 こ
(2)(しき)5×4=20　　(答え)20 こ
(3)(しき)3×7=21　　(答え)21 本

❺ (1)<　(2)>

アドバイス

❹ (3)1 つの形をつくるのに，棒が 3 本，それを 7 こつくるので，3 の 7 倍だから，
3×7=21

❺ 2 つの式の大小を比べるときには，計算をしてその答えで大小を比べる解き方もありますが，(1)のようにもとの数(かけられる数)が同じ場合(いずれも 3)には何倍かの部分で，(2)のように何倍かが同じ場合(いずれも 8 倍)にはもとの数(かけられる数)の大きさで比べると大小がわかります。
数値が大きくなって計算がめんどうになったときには，この解き方の方が簡単なので，今からそういうアイディアにも目をつけさせておくことが大切です。

ステップ 2　58〜59ページ

❶ (1)12　(2)21　(3)4　(4)10　(5)36　(6)6
(7)45　(8)24

❷ (1)

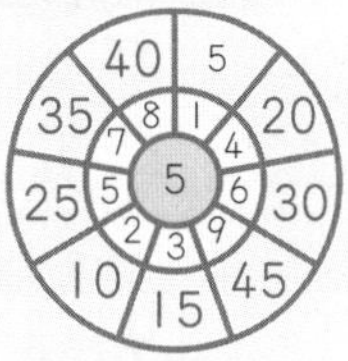

(2)

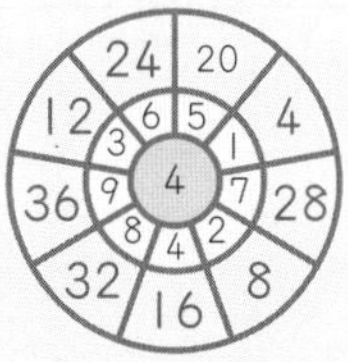

❸ (しき)5×6=30　　(答《こた》え)30 こ

❹ (しき)4×8=32　　(答え)32cm

❺ (しき)5×4=20
20−3=17　　(答え)17 こ

❻ (しき)3×8=24
4×6=24
24+24=48　　(答え)48 人

❼ 〔 たります・たりません 〕
(りゆうの　れい)4×8=32
ドーナツは　全部《ぜんぶ》で　32 こ　あります。
くばる　ドーナツの　数《かず》は　30 こです。
30 こより　多《おお》く　あるので，たります。

アドバイス

❺ まず，箱の中にあったケーキの数をかけ算で求めてから，食べた分をひきます。理解しづらいようでしたら，「ケーキは何こありましたか。」「3 こ食べると何こ残りますか。」と 2 つの問いに分けてみましょう。

❻ 3 人がけにすわれる人数と，4 人がけにすわれる人数をそれぞれかけ算で求めてから，合計人数をたし算で求めます。

13 かけ算 ②

ステップ 1

60~61ページ

❶ (1)9×4=36
(2)8×7=56

❷ (1)36 (2)28 (3)64
(4)7 (5)54 (6)14
(7)32 (8)42 (9)63

❸ (1)(しき)6×3=18 (答《こた》え)18 こ
(2)(しき)8×5=40 (答え)40 こ

❹ (1)(しき)6×8=48 (答え)48 人
(2)(しき)8×6=48 (答え)48 時間《じかん》
(3)(しき)7×8=56 (答え)56 日

❺ (1)< (2)>
(3)> (4)>

ステップ 2

62~63ページ

❶ (1)49 (2)32 (3)27
(4)1 (5)24 (6)35
(7)48 (8)63

❷ (1)

(2)

❸ (しき)9×6=54 (答《こた》え)54cm

❹ (しき)6×7=42 (答え)42 こ

❺ (しき)7×9=63 (答え)63 本

❻ (しき)6×5=30
30+2=32 (答え)32 本

❼ (しき)7×8=56
56+4=60 (答え)60 本

❽ (しき)7×6=42
8×5=40
42−40=2
(答え)7 円の あめを 買《か》う ほうが 2 円 高《たか》い。

アドバイス

❸ 辺が 6 本あるということは，まわりの長さは 9cm の 6 倍で求められます。

❻ 形をつくるのに必要なひごの本数は，かけ算で求めます。ひごは 30 本より 2 本多くあることを読み取り，たし算で求めます。

❼ 式は 2 つに分けて立てる方法と，1 つにまとめて表す方法があります。答えの式を 1 つにまとめると，7×8+4=60 という式になります。

14 かけ算の きまり

ステップ 1

64~65ページ

❶

かける数 / かけられる数		1	2	3	4	5	6	7	8	9
1 のだん	1	1	2	3	4	5	6	7	8	9
2 のだん	2	2	4	6	8	10	12	14	16	18
3 のだん	3	3	6	9	12	15	18	21	24	27
4 のだん	4	4	8	12	16	20	24	28	32	36
5 のだん	5	5	10	15	20	25	30	35	40	45
6 のだん	6	6	12	18	24	30	36	42	48	54
7 のだん	7	7	14	21	28	35	42	49	56	63
8 のだん	8	8	16	24	32	40	48	56	64	72
9 のだん	9	9	18	27	36	45	54	63	72	81

❷ (1)4 (2)1 (3)5 (4)1 (5)9 (6)3
(7)2 (8)4 (9)4 (10)6 (11)8 (12)3

❸ (上から)36，4，40，4，44

ステップ 2

66~67ページ

❶ (1)2×6，3×4，4×3，6×2
(2)1×9，3×3，9×1
(3)4×9，6×6，9×4
(4)7×7

❷ (1)10 (2)12 (3)10 (4)10

❸ (1)1 のだん (2)2 のだん

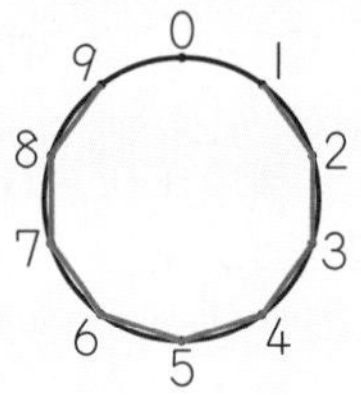

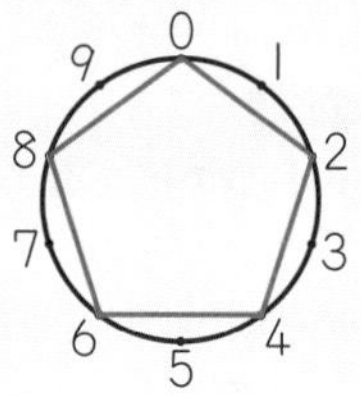

⑶ 3 のだん　　⑷ 4 のだん

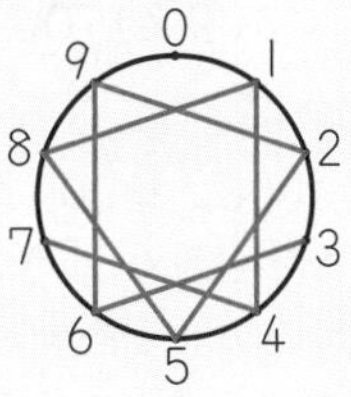

⑸ 5 のだん　　⑹ 6 のだん

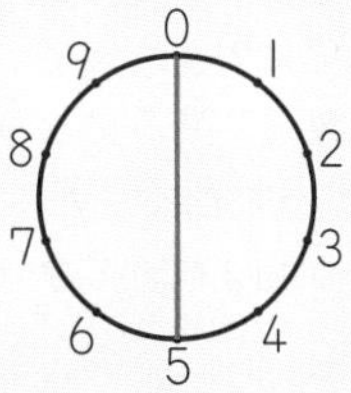

⑺ 7 のだん　　⑻ 8 のだん

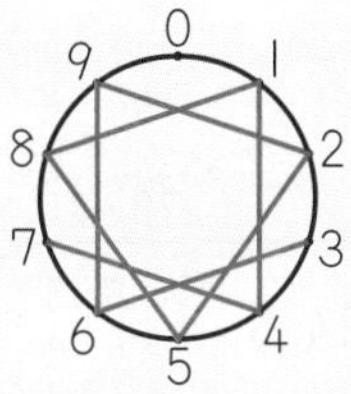

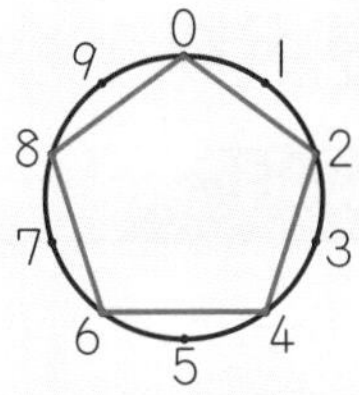

⑼ 9 のだん

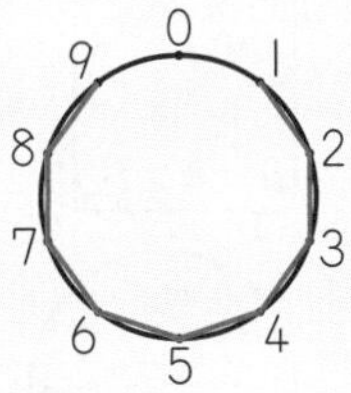

アドバイス

❷ $1\times2=2$, $9\times2=18$ → の場合，1 と 9 を合わせた数が 2 こあることになります。

11～14

ステップ 3　　68～69ページ

❶ ⑴63　⑵30　⑶28
⑷24　⑸9　⑹21
⑺8　⑻49　⑼20
⑽36　⑾8　⑿56
⒀42　⒁72　⒂36

❷ ⑴6　⑵4　⑶5　⑷2　⑸4　⑹9　⑺6
⑻2　⑼4　⑽9

❸ (しき) $3\times6=18$
$2\times8=16$
$18+16=34$　　(答《こた》え)34 人

❹ (しき) $7\times7=49$
$7\times5=35$
$49-35=14$　　(答え)14mm

❺ (しき) $4\times9=36$
$36-30=6$　　(答え)6 きゃく

❻ もとめかた①
(しき) $4\times5=20$
もとめかた②
(しき) $4\times4=16$
$2\times2=4$
$16+4=20$　　(答え)20 こ

アドバイス

❹ かけ算の意味を使うと，もっと簡単に解くことができます。つまり，7mm の 7 倍の方が，7mm の 5 倍より 7mm の 2 倍分あついから，$7\times2=14$mm と解く方法です。

15 (　)の ある しき

ステップ 1　　70～71ページ

❶ ⑴ $(4+3)+7=14$
⑵ $4+(3+7)=14$

❷ ⑴ (しき) $8-3-2=3$　　(答《こた》え)3 こ
⑵ (しき) $8-(3+2)=3$　　(答え)3 こ

❸ ⑴80　⑵14　⑶7　⑷21　⑸54
⑹63　⑺88　⑻20

ステップ 2　　72～73ページ

❶ ⑴62　⑵58　⑶11　⑷6　⑸44
⑹36　⑺33　⑻22　⑼10　⑽25

❷
㋐ $23+(9+3)$　　㋕ $23-9+3$
㋑ $18-(4+3)$　　㋖ $17-4+3$
㋒ $23-(9-3)$　　㋗ $23+9+3$
㋓ $23+(9-3)$　　㋘ $18-4-3$
㋔ $17-(4-3)$　　㋙ $23+9-3$

❸ ⑴ (しき) $24-(8+7)=9$　　(答《こた》え)9 まい
⑵ (しき) $22+(8+2)=32$　　(答え)32 本

❹ ⑴ (れい)50 円の　メモちょうと　30 円の　けしゴムを　買《か》うと，のこりは　何《なん》円《えん》に　なりますか。
⑵20 円

アドバイス

① (1)〜(4)は，まとめてたしたり，まとめてひいたりすると簡単にとけます。例えば，(2)ですと 18+21+19 の 21+19 から先に計算をすると 40 ですから，それに 18 をたして 58 と暗算できることになるのです。

② それぞれを計算して，その答えの同じものをみつけるという解き方もありますが，ここでは式の意味からとらえさせていくことが大切になります。例えば，㋑は 18 から 4 と 3 をひくという意味を表す式ですので，その意味を表しているのは右のどれかと考えていく解き方です。

④ 100−(50+30)の式は，買った代金の合計を，100 円からまとめてひいています。買った順にひいていくと，式は 100−50−30 となります。

16 10000までの　数

ステップ1　74〜75ページ

① (1)1040 まい　(2)2002 まい

② (1)10000　(2)3200
(3)4990　(4)6017

③ (1)3800，4400　(2)3500，4500

④ (1)>　(2)<　(3)>　(4)>

⑤ (1)1　(2)0　(3)9

アドバイス

① 1000, 10, 1 のまとまりごとに数えさせましょう。

> **ここに注意** 空位の 0 がいろいろな位に出てきますので，数字を書くときは，空位の 0 を忘れないように十分気をつけさせましょう。

ステップ2　76〜77ページ

① (1)3800　(2)5020
(3)7001　(4)10000

② (1)8200，8000
(2)2000，1700
(3)1400，2700

③ (1)2580 → 2555 → 2510 → 2507
(2)7756 → 7675 → 7657 → 7576

④ (1)7050　(2)9999　(3)4518　(4)3700

⑤ (1)1100　(2)1200　(3)1500　(4)200
(5)500　(6)700

⑥ (しき)1000−100=900
(答《こた》え)900 まい

アドバイス

② (3)では数直線上の数は，1000 と 2000 の間がいくつに分けられているかを調べ，小さい 1 目盛りがいくつを表しているかに目を向けさせて，□にあてはまる数を考えさせます。

④ (1)7000 より 10 大きい数は 7010，20 大きい数は 7020，……と順に考えさせていくと，7000 より 50 大きい数は 7050 になります。

⑤ 100 のまとまりがいくつ分になるか考えます。
(1)100 のまとまりが 5+6=11(こ)になります。

17 分数

ステップ1　78〜79ページ

① (1)$\frac{1}{2}$　(2)$\frac{1}{4}$　(3)2　(4)4

② (れい)

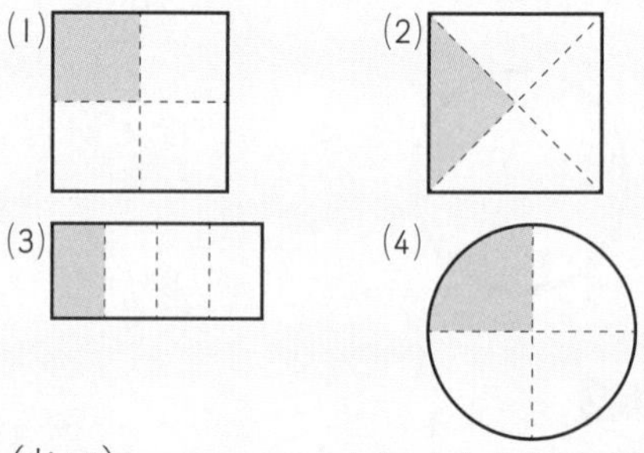

③ (れい)

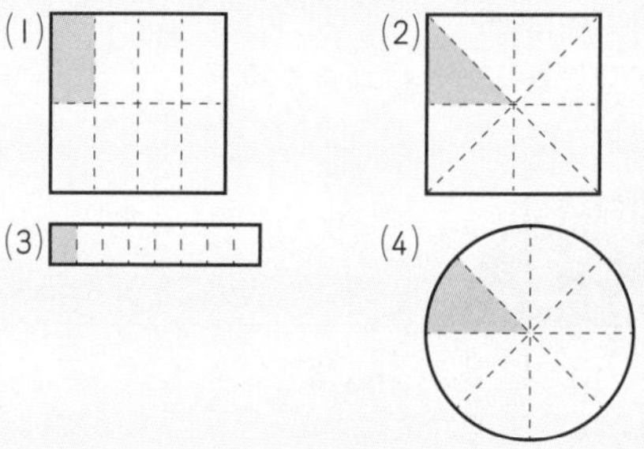

ステップ2　80〜81ページ

① (1)$\frac{1}{2}$　(2)$\frac{1}{4}$　(3)$\frac{1}{4}$　(4)$\frac{1}{4}$
(5)$\frac{1}{8}$　(6)$\frac{1}{2}$　(7)$\frac{1}{4}$

② (1)$\frac{1}{4}$　(2)$\frac{1}{2}$　(3)$\frac{1}{2}$

3 〔いえる・(いえない)〕
(りゆう)同《おな》じ　大きさに　分けて　いない
から。

アドバイス

2 ㋑の長さは㋐の長さを 4 等分した 1 つ分です。一方，㋒の長さを 2 等分した 1 つ分です。もとの大きさを確認することが大切です。

3 理解しづらいようでしたら，4 等分した図を示すと，その違いに気づきやすくなるでしょう。

15 ～ 17
ステップ 3
82～83ページ

1 (1)6　(2)39　(3)72　(4)80

2 (1)(しき)80−26−14=40
(答《こた》え)40 ページ
(2)(しき)80−(26+14)=40
(答え)40 ページ

3 (1)6208　(2)8003　(3)37　(4)7100

4 (1)① 2500　② 4800
(2)① 9100　② 10000

5 $\frac{1}{8}$

アドバイス

4 1 目盛りの大きさに着目します。
(1)の数直線は，1000 を 10 等分しているので，1 目盛りは 100 を表します。
②は，4000 より 8 目盛り右だから，4000 と 800 で 4800 です。
(2)の数直線は，500 を 5 等分しているので，1 目盛りは 100 です。
②は，9900 より 100 大きい数です。

18 三角形と　四角形

ステップ 1
84～85ページ

1 (1)直線《ちょくせん》
(2)3
(3)直線(へん)
(4)ちょう点《てん》，へん

2 ア

3 イ，エ，キ，ケ

4 (れい)

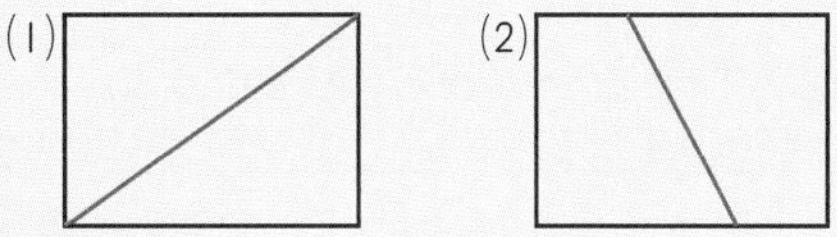

ステップ 2
86～87ページ

1 (1)四角形《しかくけい》　(2)三角形《さんかくけい》

2

ちょう点	(1)　4	(2)　3	(3)　4
へん	(1)　4	(2)　3	(3)　4

ちょう点	(4)　4	(5)　3	(6)　5
へん	(4)　4	(5)　3	(6)　5

3 (れい)

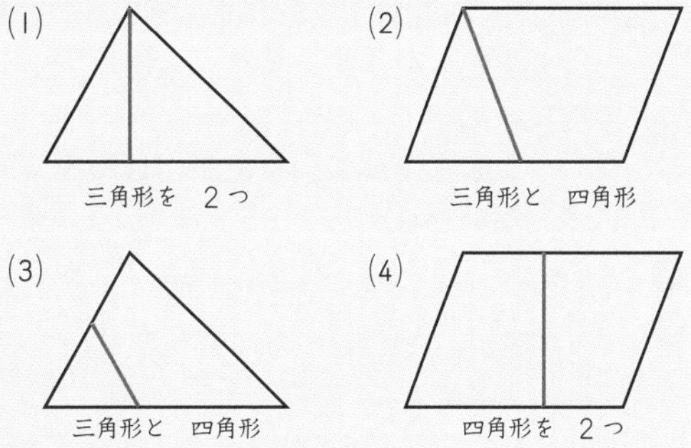

4 (1)四角形　(2)三角形

5 3つ

19 長方形と　正方形

ステップ 1
88～89ページ

1 イ

2 ㋐長方形《ちょうほうけい》　㋑正方形《せいほうけい》　㋒直角三角形《ちょっかくさんかくけい》

3 (1)直角三角形　(2)直角三角形

4 ア 7cm　イ 3cm

5 イ，ウ，オ

6 (れい)

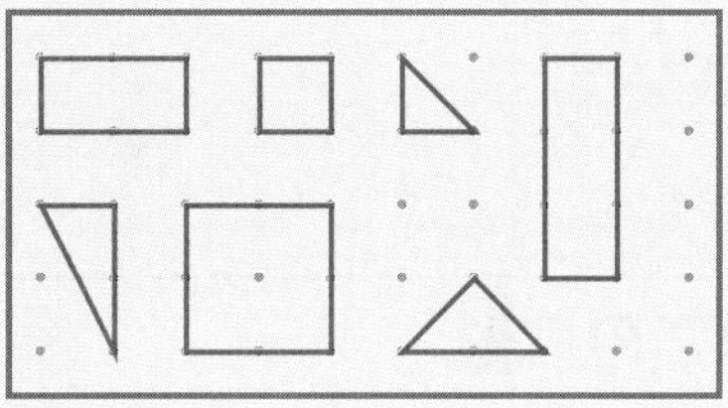

アドバイス

4 長方形の向かい合う辺の長さは等しいことを理解させます。

6 長方形・正方形・直角三角形の作図は，次のようにします。
㋐長方形…かどが直角になるように，4つの点を直線で結ぶ。
㋑正方形…長方形の作図で，4本の辺の長さが同じになるように結ぶ。
㋒直角三角形…1つのかどが直角になるように，3つの点を直線で結ぶ。
答え以外にも，上の条件に合っていれば正解です。

ステップ 2　90~91ページ

1 (1)長方形《ちょうほうけい》　(2)正方形《せいほうけい》　(3)直角三角形《ちょっかくさんかくけい》

2 ア，エ
(正方形で　ない　りゆうの　れい)
イ…4つの　かどが　ぜんぶ　直角で　ないから。
ウ…4つの　へんの　長《なが》さが　ぜんぶ　同《おな》じで　ないから。

3 16cm

4 (れい)

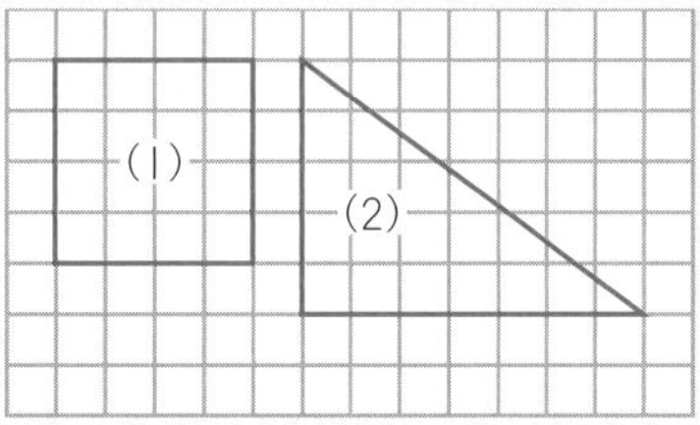

5 (1)アとオ
(2)イとカ，エとキ

アドバイス

3 長方形は向かい合う辺の長さが等しいので，2+6+2+6=16(cm)となります。

5 同じ形をした2つの直角三角形を組み合わせると，長方形や正方形になることを理解させましょう。
わかりにくければ「ステップ1」の3のように，実際に長方形や正方形の紙を切って確かめさせてみましょう。

20 はこの　形

ステップ 1　92~93ページ

1 (1)へん　(2)ちょう点《てん》　(3)面《めん》

2 (1)長方形《ちょうほうけい》　(2)はこの　形《かたち》
(3)ア…ウ　イ…エ　オ…カ

3 イ

4 (1)8つ　(2)12本
(3)(れい)どれも　同《おな》じ　長《なが》さに　なって　いる。

アドバイス

2 組み立てたとき，どの面とどの面が向かい合うかが，頭の中だけでイメージできないときは，実際に紙などで組み立てて考えましょう。そして，頭の中でイメージできるようになりましょう。できれば，そこで，となり合う面についても考えましょう。

ステップ 2　94~95ページ

1 (1)ア　(2)ウ　(3)エ

2 ㋐2cm　㋑8cm　㋒12cm　㋓2cm

3 (1)6　(2)正方形《せいほうけい》　(3)8　(4)12　(5)同《おな》じ

4 イが2まい，エが2まい，オが2まい

5 (1)3cmが4本，5cmが4本，
8cmが4本
(2)8つ

18~20 ステップ 3　96~97ページ

1 (1)ア，ウ，ク
(2)イ，エ，キ，ケ，サ
(3)オ，カ，コ

2 (れい)
(1)
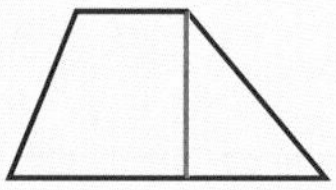
(2)
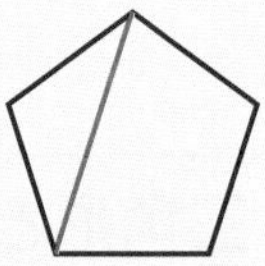

3 (1)(れい)
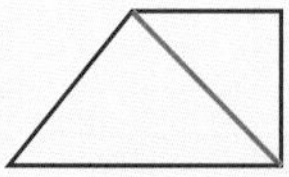
(2)(れい)
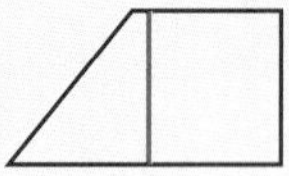

4 4こ

5 32cm

6 (1)9こ　(2)8こ

アドバイス

③ 問題の図形は四角形(台形)です。四角形では，直線のひき方によって，いろいろな２つの図形ができることを覚えます。

④ 問題の図形の中には，下のような直角三角形があることを見つけます。

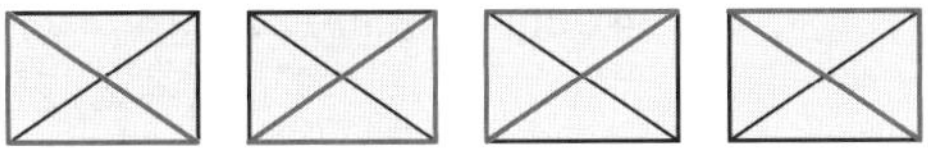

⑤ 正方形は同じ長さの辺が４本あるので，8×4=32(cm)となります。

21 いろいろな　もんだい ①

ステップ1　98~99ページ

① (1)ボールと　えんぴつ，ふでばこと　なわとび
(2)ボールと　なわとび，ふでばこと　ノート，ふでばこと　えんぴつ

② (1)32，156　(2)39，24　(3)33，26
(4)42，92　(5)9，22

③ (1)(上から)29，26　(2)3さつ

ステップ2　100~101ページ

① (1)(れい)かいとさんの　クラスの　人数《にんずう》は，37人です。そのうち，18人は　男の子です。女の子は　何人《なんにん》ですか。
(2)(れい)45円の　けしゴム　1こと，50円の　えんぴつ　1本を　買《か》って，100円　出しました。おつりは　いくらですか。

② (1)

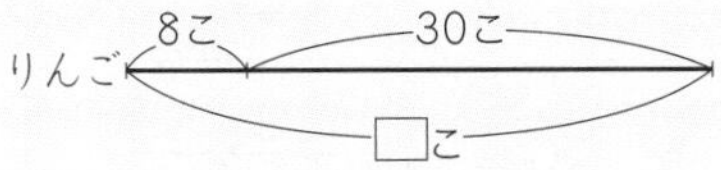

(2)

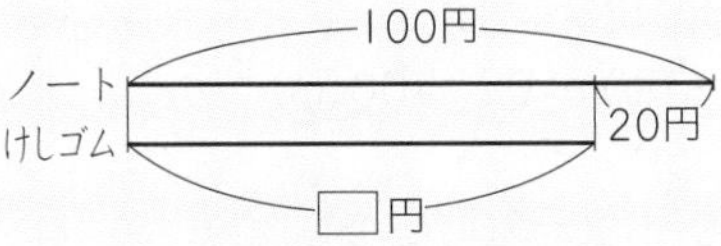

(3)

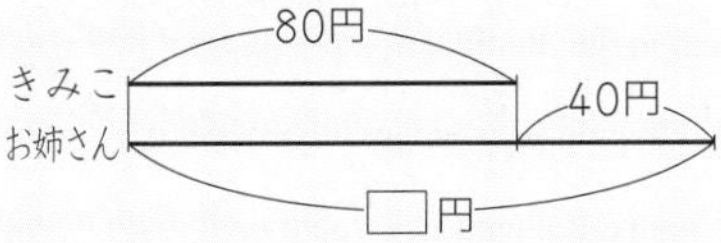

(4)

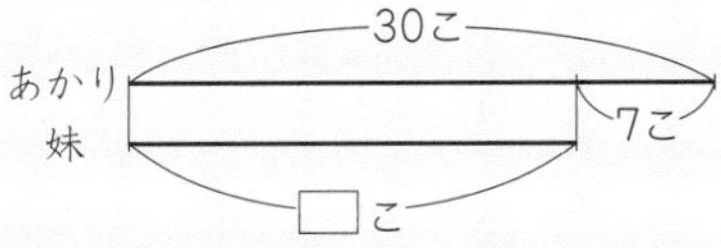

③ (しき)75−25=50　(答《こた》え)50まい

④ (しき)19−2=17
23−17=6　(答え)6こ

22 いろいろな　もんだい ②

ステップ1　102~103ページ

① (1)(しき)8×6=48　(答《こた》え)48こ
(2)(しき)8−6=2　(答え)2こ
(3)(しき)8+6=14　(答え)14こ

② (1)22　(2)26　(3)32

③ (1)(しき)□+5=25　(答え)20
(2)(しき)9+□=24　(答え)15
(3)(しき)□−9=13　(答え)22

アドバイス

② たし算やひき算の□は次のように求めることができます。
□＋●＝▲ → □＝▲−●
●＋□＝▲ → □＝▲−●
□−●＝▲ → □＝▲＋●
●−□＝▲ → □＝●−▲
わかりにくいときは，本冊99ページの②のような線分図に表して考えると理解しやすいです。

ここに注意　□を使った等式は，２年生の学習内容にはなっていません。しかし，＝の意味の理解が深まってくれば，このような学習もこなせるように指導しましょう。受け入れができないようならば，あまり無理をしないほうがよいでしょう。

ステップ2　104~105ページ

① (しき)51−28=23
(答《こた》え)赤い　色紙《いろがみ》が　23まい　多《おお》い。

② (しき)3×9=27　(答え)27本

③ (しき)28+5=33　(答え)33人

④ (しき)7+17=24　(答え)24こ

⑤ (1)(しき)□+49=63
または，63−49=14　(答え)14
(2)(しき)□−24=17
または，17+24=41　(答え)41

6 (1)(しき)17+□=21
　または，21−17=4　　(答え)4 人
(2)(しき)□−16=28
　または，28+16=44　　(答え)44 こ

アドバイス
ここでは，これまでに習ってきた，たし算，ひき算，かけ算を正しく立式できることをめざしています。2つの数量を合わせるのか，その違いに着目するのか，同じ数ずつの数量の全体を求めるのかをよく考えて解くようにさせます。図などを自分から活用する習慣も身につけさせたいものです。

21～22 ステップ3　106～107ページ

1 (しき)3×7=21　　(答《こた》え)21 まい
2 (1)(しき)31−12=19…あき子
　19−2=17…わたし
　31−17=14　　(答え)14
(2)(しき)19+17=36　　(答え)36
(3)(しき)31+19+17=67　　(答え)67
3 (1)(しき)18+□=51　　(答え)33
(2)(しき)□−27=41　　(答え)68
(3)(しき)□+17=63　　(答え)46
(4)(しき)5×□=45　　(答え)9
(5)(しき)□×8=16　　(答え)2

アドバイス
2 (1)3 人の差に着目すると，わたしははる子さんより 12 とさらに 2 少ないので，12+2=14 と求めることもできます。

そうふくしゅうテスト①　108～109ページ

1 (1)680　(2)207　(3)7020　(4)6，13
2 (1)83　(2)115　(3)108　(4)130　(5)44
(6)94　(7)412　(8)642
3 (1)>　(2)<　(3)=　(4)>
4 (1)108　(2)10，7　(3)9，7　(4)57
(5)5，8　(6)750　(7)100　(8)2，30
5 (しき)1m30cm−40cm=90cm
　1m12cm−90cm=22cm
　または，1m30cm−1m12cm=18cm
　40cm−18cm=22cm
　(答《こた》え)22cm

そうふくしゅうテスト②　110～112ページ

1 (1)24　(2)28　(3)21　(4)54　(5)36
(6)56　(7)45　(8)27　(9)42　(10)44
(11)84　(12)26
2 (1)113　(2)50　(3)115　(4)58
3 (1)ウ，オ
(2)エ，キ
4 (1)9 こ　(2)18 こ
5 イが　200m　近《ちか》い。
6 (1)8cm が 4 本，10cm が 4 本，
　5cm が　4 本
(2)8 つ　(3)2 つ
7 (1)3 時《じ》10 分《ぶん》　(2)4 時 25 分　(3)18 分
(4)35 分
8 (1)ゆきさん　(2)2 まい

アドバイス
4 (2)
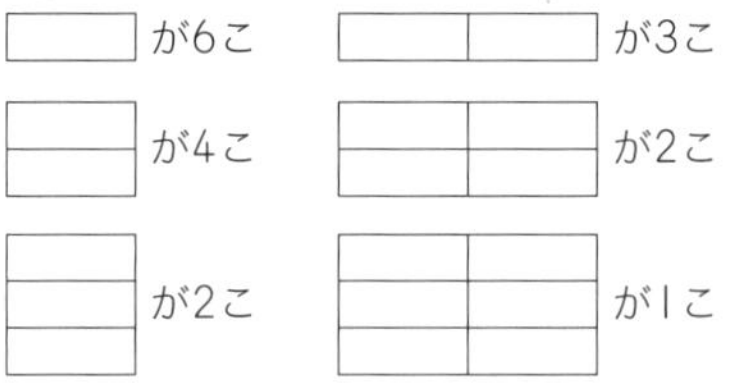

ぜんぶで　18 こ
5 ア…300+400=700(m)
イ…500 m
700−500=200(m)